AF292732

 **Wissenschaftliche Taschenbücher**

DIETER LEUSCHNER
Grundbegriffe der Thermodynamik

V. S. LETOCHOW
Laserspektroskopie

WOLFGANG MEILING
Digitalrechner
in der elektronischen Meßtechnik
Teil 1: Meßmethodik
Teil 2: Gerätetechnik
und Anwendungen

L. I. MIROSCHNITSCHENKO
Kosmische Strahlung
im interplanetaren Raum

GERNOT NEUGEBAUER
Relativistische Thermodynamik

VOLKER NOLLAU
Semi-Markovsche Prozesse

ULRICH RÖSEBERG
Quantenmechanik und Philosophie

ALBRECHT ROST
Messung
dielektrischer Stoffeigenschaften

J. V. SAČKOV
Wahrscheinlichkeit und Struktur

WOLFGANG SCHÄFER
Theoretische Grundlagen
der Stabilität technischer Systeme

ERNST SCHMUTZER
Symmetrien und Erhaltungssätze
der Physik

VOLKMAR SCHURICHT
Kernexplosionen für friedliche Zwecke

VOLKMAR SCHURICHT
Fusionsreaktoren und Umwelt

HUBERTUS STOLZ
Supraleitung

GERHARD WUNSCH
Zellulare Systeme

Festkörperphysik
Entwicklungstendenzen und
Anwendungsmöglichkeiten

Die Schöpfer der physikalischen Opt
Eine Artikelsammlung

HANS-GEORG SCHÖPF
Von Kirchhoff bis Planck

HORST MELCHER
Albert Einstein wider Vorurteile
und Denkgewohnheiten

RENATE WAHSNER
Mensch und Kosmos
Die copernicanische Wende

HELMUT FRIEMEL / JOSEF BROCK
Grundlagen der Immunologie

EBERHARD HOFMANN
Funktionelle Biochemie des Mensch
Band 1 und 2

LOTHAR JAGER
Grundlagen
der Klinischen Immunologie

KARLHEINZ LOHS
DIETER MARTINETZ
Entgiftung
Mittel, Methoden und Probleme

JOACHIM NITSCHMANN
Entwicklung bei Mensch und Tier

STEPHAN SCHNITZLER
Pharmakologische Aspekte
von Immunreaktionen

DIETER SPAAR
HELMUT KLEINHEMPEL
HANS JOACHIM MÜLLER
KLAUS NAUMANN
Bakteriosen der Kulturpflanzen

EBERHARD TEUSCHER
Pharmakognosie
Teil I—III

MICHAEL THEILE
SIEGFRIED SCHERNECK
Zellgenetik

HEINRICH BREMER
KLAUS-PETER WENDLANDT
Heterogene Katalyse

WERNER DÖPKE
**Dynamische Aspekte der Stereochemie
organischer Verbindungen**

GÜNTER EPPERT
**Einführung
in die Schnelle Flüssigchromatographie**

FALKO H. HERRMANN
MARTINA CH. HERRMANN
Das Hämoglobin des Menschen

HANS LUPPA
Grundlagen der Histochemie
Teil I und II

HASSO MEINERT
Fluorchemie

DIETER ONKEN
Antibiotika — Chemie und Anwendung

HORST REMANE / RAINER HERZSCHUH
**Massenspektrometrie
in der organischen Chemie**

JOACHIM SCHUPPAN
**Theorie und Meßmethoden
der Konduktometrie**

JOACHIM SCHUPPAN
Anwendungen der Konduktometrie

KURT SCHWABE
pH-Messung

*Vorschau
auf die nächsten Bände:*

WOLFGANG BLEI
**Erkenntniswege
zur Erd- und Lebensgeschichte**

KLAUS DITTRICH
Atomabsorptionsspektroskopie

ERNST-JOACHIM DONTH
Glasübergang

GOTTFRIED FRITZSCHE
**Zeitdiskrete und digitale Systeme
Netzwerke IV**

DETLEF GRÖGER / SIEGFRIED JOHNE
**Gewinnung von Arzneistoffen
Pharmazeutische Mikrobiologie**

MARTIN HEINRICH / HEINZ ULBRICHT
Mechanik der Kontinua

KARL LANIUS
Physik der Elementarteilchen

DIETER MICHEL
**Grundlagen und Methoden
der kernmagnetischen Resonanz**

S. SAKATA / M. TAKETANI
**Philosophische
und methodologische Probleme
der Physik**

ERNST SCHMITZ
Organische Zwischenprodukte

WERNER STOLZ
REINHOLD BERNHARDT
Dosimetrie ionisierender Strahlung

BAND 267

Peter Paufler

Phasendiagramme

Mit 75 Abbildungen und 18 Tabellen

AKADEMIE-VERLAG · BERLIN

Reihe MATHEMATIK UND PHYSIK

Herausgeber:

Prof. Dr. phil. habil. W. Holzmüller, Leipzig
Prof. Dr. phil. habil. A. Lösche, Leipzig
Prof. Dr. phil. habil. H. Reichardt, Berlin
Prof. Dr. rer. nat. habil. H.-J. Treder, Potsdam

Verfasser:

Prof. Dr. sc. nat. Peter Paufler
Lehrstuhl für Kristallographie
Sektion Chemie der Karl-Marx-Universität Leipzig

1981
Erschienen im Akademie-Verlag,
DDR-1080 Berlin, Leipziger Str. 3—4
Lektor: Dipl.-Phys. Ursula Heilmann
© Akademie-Verlag Berlin 1981
Lizenznummer: 202 · 100/427/81
Gesamtherstellung: VEB Druckhaus „Maxim Gorki",
7400 Altenburg
Bestellnummer: 762 234 1 (7267) · LSV 1184

DDR 8,— M
ISSN 0084-098 X

ISBN 978-3-528-06865-3   ISBN 978-3-322-86071-2 (eBook)
DOI 10.1007/978-3-322-86071-2

Inhaltsverzeichnis

6. Phasendiagramme höherkomponentiger Systeme

7. Statistische Betrachtung der thermodynamischen Zustandsfunktionen

8. Phasenumwandlungen

Vorwort

Die vorliegende Darstellung ist aus Vorlesungen hervorgegangen, die ich für Physikstudenten des vierten Studienjahres an der TU Dresden gehalten habe. Sie soll dem Studierenden in knapper Form die thermodynamischen Grundlagen der verschiedenen Typen und Darstellungsweisen von Phasendiagrammen vermitteln und damit den Zugang zu den teilweise sehr umfangreichen Standardwerten erleichtern.

Im Mittelpunkt der Betrachtung stehen Gleichgewichtsdiagramme, wie sie z. B. für Physiker, Chemiker, Werkstoffwissenschaftler, Mineralogen, Geologen und Kristallographen von Bedeutung sind, soweit diese sich mit dem Festkörper beschäftigen. Vorausgesetzt werden vorwiegend Kenntnisse der Thermodynamik und Statistik, die zur Grundausbildung in Physik oder Chemie gehören und beispielsweise von D. LEUSCHNER in „Grundbegriffen der Thermodynamik" zusammengestellt worden sind (weitere Literaturhinweise finden sich am Schluß des Bandes).

Die Erörterung von Phasendiagrammen ordnet sich ein in das allgemeine Ausbildungsprogramm zur Struktur und zu den Eigenschaften fester Körper. Analoge kurzgefaßte Einführungen in die übrigen Teilgebiete sind bereits erschienen (vgl. PAUFLER, LEUSCHNER: Kristallographische Grundbegriffe der Festkörperphysik, Berlin und Braunschweig 1975; PAUFLER, SCHULZE: Physikalische Grundlagen mechanischer Festkörpereigenschaften, Berlin und Braunschweig 1978) oder werden vorbereitet. Jeder Band kann auch einzeln benutzt werden.

Die Anregung, diese Lernhilfe niederzuschreiben,

verdanke ich noch meinem 1974 verstorbenen Lehrer, Herrn Prof. (em.) Dr. phil. habil. G. E. R. SCHULZE. Ihm schulde ich auch zahlreiche methodische Hinweise. Dankend erwähnt seien auch vielfältige Fachdiskussionen über thermodynamische Fragen, die ich während meiner Lehrtätigkeit in Dresden mit den Herren Prof. Dr. H.-J. ULLRICH, Dr. D. LEUSCHNER, Dr. TH. MÜLLER und Dr. K. EICHLER hatte und die mir neben den Fragen von Studenten eine wertvolle Hilfe bei der Formulierung waren. Sehr zu Dank verpflichtet bin ich weiterhin Frau U. HICKMANN für ihre Unterstützung bei der Herstellung der Bildvorlagen und der verantwortlichen Lektorin, Frau Dipl.-Phys. U. HEILMANN, für die verständnisvolle Zusammenarbeit.

Leipzig, im August 1980   P. PAUFLER

1. Grundbegriffe

Wir stellen der Behandlung der Phasendiagramme einige Erläuterungen zu in diesem Zusammenhang wichtigen Begriffen voran, die im Rahmen einer Einführung in die Thermodynamik (vgl. z. B. die o. g. Hinweise) begründet und hier nur der besseren Verständigung wegen wiederholt werden.

1.1. Aufbau der Festkörper

Für unsere Belange ist der Festkörper ein thermodynamisches System. Darunter wird die Gesamtheit seiner sich in physikalisch-chemischer Wechselwirkung befindlichen Bestandteile verstanden. Ein System heißt geschlossen, wenn sein Gehalt an Bestandteilen (Atome, Ionen, Elektronen usw.) unveränderlich ist, anderenfalls offen. Wir sprechen von einem homogenen System, wenn es auf beliebige Weise in Teile zerlegt werden kann, die sich in ihren physikalischen Eigenschaften höchstens infinitesimal unterscheiden.[1] Kann man dies nicht, dann heißt das System heterogen.[2]

---

[1] Die Teile müssen immer noch groß gegen atomare Dimensionen sein, damit physikalische Größen des Festkörpers hinreichend gut definiert sind. Kleine Eigenschaftsschwankungen werden mit Rücksicht auf in Festkörpern übliche Konzentrationsschwankungen zugelassen. Beim Vergleich von Eigenschaften verschiedener Teile ist weiterhin der Tensorcharakter der betreffenden Eigenschaft zu berücksichtigen.

[2] Strenggenommen hat man auch eine endliche Zahl inhomogener Teile des Systems zuzulassen, die die Grenzen verschiedener homogener Phasen bilden. Für manche Zwecke lassen sich die Grenzflächen vernachlässigen, in den übrigen muß man sie explizit berücksichtigen (vgl. GUGGENHEIM 1967). Auch für Korngrenzen (vgl. PAUFLER, LEUSCHNER) gilt das.

Heterogene Systeme werden vom thermodynamischen Standpunkt zweckmäßig als aus homogenen Teilen — den Phasen — zusammengesetzt betrachtet. Sie sind durch Grenzflächen voneinander getrennt. Zur

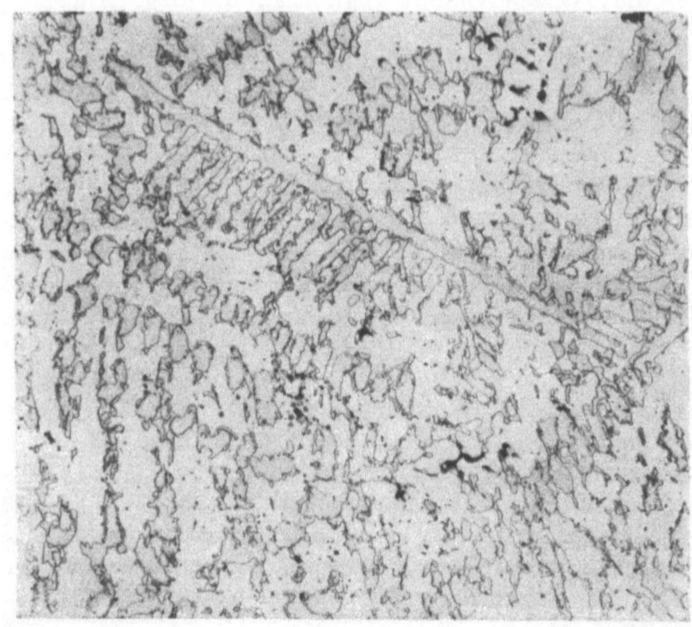

Abb. 1.1. Schliffbild einer V−Si-Legierung, die aus den beiden Phasen V_3Si und V_5Si_3 besteht. Durch Behandlung der ebenen Trennfläche mit $HF/HNO_3/H_2O_2$ erscheint V_3Si heller als V_5Si_3, so daß die Phasengrenzen deutlich sichtbar werden.

gleichen Phase zählen Bestandteile des Systems mit den gleichen oder höchstens differentiell verschiedenen physikalischen und chemischen Eigenschaften. Das bedeutet im Falle fester Phasen vor allem gleiche Kristallstruktur.[1]) (Abb. 1.1)

---

[1]) Normal- und supraleitender Zustand eines Festkörpers gelten z. B als verschiedene Phasen. Ihre Kristallstrukturen sind allerdings praktisch gleich.

Die chemisch selbständigen Bestandteile des Systems nennen wir Komponenten. Die Anzahl der davon unabhängig veränderlichen ergibt sich aus etwa vorhandenen einschränkenden Bedingungen (z. B. Reaktionsgleichungen). Sie ist gleich der Minimalzahl von Bestandteilen des Systems, aus denen sich sämtliche auftretenden Phasen bilden lassen.[1])

In vielen Fällen müssen jedoch Kristallbaufehler (vgl. PAUFLER, LEUSCHNER; PAUFLER, SCHULZE I) auch bei thermodynamischen Überlegungen berücksichtigt werden. Das gilt vor allem für Punktfehler. Der bisher eingeführte Begriff der Komponente erweist sich im Falle des gestörten kristallinen Systems als zu eng, denn hier ist nicht nur die chemische Natur, sondern auch die räumliche Anordnung der Bestandteile von Bedeutung. Nach KRÖGER, VINK unterscheiden wir folgende Kategorien. Bestandteile des Systems sind alle vorhandenen Sorten von Atomen oder Atomgruppen.[2]) Strukturelemente nennt man Atome, Atomgruppen oder Leerstellen in bestimmten Lagen der Kristallstruktur.[3]) Als Baueinheiten werden Kombinationen von Strukturelementen mit einer Zusammensetzung derart bezeichnet, daß die feste Beziehung zwischen den strukturbedingten Lagentypen nicht geändert wird, wenn eine Baueinheit dem Kristall zugefügt werden sollte.[4]) Maß für den Stoffmengengehalt (vgl. (1.2)) kann die relative Zahl der Strukturelemente oder der Baueinheiten sein, in komplizierten Fällen vermehrt um weitere Typen wie z. B. freie Elektronen, Löcher u. a. Unter Komponenten versteht man schließlich in diesen Fällen Bauelemente aus einem Satz unabhängiger

---

[1]) Während die Festlegung der Komponenten u. U. mehrdeutig sein kann, trifft das für die Zahl der unabhängigen K nicht zu (vgl. 2.4). Im System GaAs−GaP z. B. liegt lückenlose Mischbarkeit (vgl. 4.1.1) vor. Der Gehalt an Arsen und Phosphor im System hängt von der Menge an Gallium ab. Als unabhängige Komponenten treten GaAs und GaP auf und nicht die drei Elemente Ga, As und P ($K = 2$).

[2]) Leerstellen sind also keine Bestandteile.

[3]) Beispiele könnten sein: A-Atome auf B-Plätzen, Zwischengitteratome, unbesetzte A-Plätze, B-Atome auf B-Plätzen.

[4]) In einem NaCl-Kristall mit K-Verunreinigungen kann man z. B. als Baueinheiten ansehen: Na-Atom auf Na-Platz und Cl-Atom auf Cl-Platz, K-Atom auf Na-Platz und Cl-Atom auf Cl-Platz, Na-Atom auf Na-Platz und unbesetzter Cl-Platz.

Bauelemente, mit dem ein beliebiger Kristall aufgebaut werden kann, ohne inneres Gleichgewicht zu berücksichtigen. Strukturelemente können nach dieser Definition als Quasi-Komponenten verwendet werden (vgl. auch 2.4) (KRÖGER, STIELTJES, VINK).

1.2.   Beschreibung des thermodynamischen Zustandes

Um den Zustand einer Phase φ eines mehrkomponentigen Systems eindeutig festzulegen, bedarf es Angaben über die chemische Zusammensetzung (Gehalt an Komponenten), das Volumen $V^{(\varphi)}$, den Druck $p^{(\varphi)}$[1]) oder die Temperatur $T^{(\varphi)}$. Von den letzten drei genannten sind zwei ausreichend, die dritte folgt aus einer Zustandsgleichung vom Typ

$$f(p^{(\varphi)}, V^{(\varphi)}, T^{(\varphi)}) = 0. \tag{1.1}$$

An die Stelle von $p^{(\varphi)}$, $V^{(\varphi)}$ oder $T^{(\varphi)}$ können auch zwei andere unabhängige Parameter, wie z. B. Entropie $S^{(\varphi)}$ und innere Energie $U^{(\varphi)}$ treten (vgl. LEUSCHNER).

Im thermischen Gleichgewicht weisen alle Teile des Systems die Temperatur T auf, so daß der Phasenindex entbehrt werden kann. In Tab. 1.1 sind einige noch immer gebräuchliche Temperaturskalen den SI-Einheiten gegenübergestellt.

Im allgemeinen ist der Druck $p^{(\varphi)}$ verschiedener Phasen auch im Gleichgewicht verschieden (s. Grenzflächenspannung). Ist er das nicht, d. h. wenn $p^{(1)} = p^{(2)} = \cdots = p$, liegt hydrostatisches Gleichgewicht vor.

Der Gehalt einer Phase φ an Komponente k wird durch

---

[1]) In Festkörpern können auch Schubspannungen existieren (vgl. z. B. PAUFLER, SCHULZE 1978). Anstelle von $p^{(\varphi)}$ sind dann i. allg. die 6 Komponenten $\sigma_{ij}^{(\varphi)}$ des Spannungstensors zur Beschreibung des Zustandes erforderlich, das Volumen $V^{(\varphi)}$ hängt von den Verzerrungen $\varepsilon_{kl}^{(\varphi)}$ ab. Aus (1.1) wird $\sigma_{ij}^{(\varphi)} = \sigma_{ij}^{(\varphi)}(\varepsilon_{kl}^{(\varphi)}, T^{(\varphi)})$, aus $-p^{(\varphi)}\,\mathrm{d}V^{(\varphi)}$ in (1.13) entsprechend $V^{(\varphi)}\sum_{ij}\sigma_{ij}^{(\varphi)}\,\mathrm{d}\varepsilon_{ij}^{(\varphi)}$. $V^{(\varphi)}$ ist hier das Volumen der betrachteten Phase im Ausgangszustand.

Tabelle 1.1

Definierende Fixpunkte der Internationalen Praktischen Temperaturskale von 1968 und Beziehungen zu anderen Skalen (nach BENDER, PIPPIG; HENNING)

Fixpunkt	zugeordneter Temperaturwert	
	Kelvin-Skale	Celsius-Skale
Tripelpunkt des Gleichgewichts-Wasserstoffs	13,81 K	$-259{,}34\,°\mathrm{C}$
Siedetemperatur des Wasserstoffs bei 33330,6 Pa	17,042 K	$-256{,}108\,°\mathrm{C}$
Siedepunkt des Wasserstoffs	20,28 K	$-252{,}87\,°\mathrm{C}$
Siedepunkt des Neons	27,102 K	$-246{,}048\,°\mathrm{C}$
Tripelpunkt des Sauerstoffs	54,361 K	$-218{,}789\,°\mathrm{C}$
Siedepunkt des Sauerstoffs	90,188 K	$-182{,}962\,°\mathrm{C}$
Tripelpunkt des Wassers	273,16 K	$0{,}01\,°\mathrm{C}$
Siedepunkt des Wassers	373,15 K	$100\,°\mathrm{C}$
Erstarrungspunkt des Zinns	505,1181 K	$231{,}9681\,°\mathrm{C}$
Erstarrungspunkt des Zinks	692,73 K	$419{,}58\,°\mathrm{C}$
Erstarrungspunkt des Silbers	1235,08 K	$961{,}93\,°\mathrm{C}$
Erstarrungspunkt des Goldes	1337,58 K	$1064{,}43\,°\mathrm{C}$

Beziehungen zur RANKINE-Skale (°R) und FAHRENHEIT-Skale (°F): $n\,°\mathrm{R}$ $\triangleq$ (5/9) $n\mathrm{K}$, $n\,°\mathrm{F}$ $\triangleq$ (5/9) $(n-32)\,°\mathrm{C}$; Temperaturdifferenzen: 1 deg F = 1 deg R = (5/9) K = 0,55556 K; Absoluter Nullpunkt 0 K $\triangleq$ 0 °R $\triangleq$ $-273{,}15\,°\mathrm{C}$ $\triangleq$ $-459{,}67\,°\mathrm{F}$.

die intensive Größe Stoffmengengehalt oder Mengenanteil

$$x_k^{(\varphi)} \equiv \frac{N_k^{(\varphi)}}{\sum\limits_{k=1}^{K} N_k^{(\varphi)}} \tag{1.2}$$

gemessen. $N_k^{(\varphi)}$ ist die Zahl der Teilchen (Atome, Ionen, ..., vgl. dazu auch S. 13) der Sorte k in φ. Die Phase φ enthalte K Komponenten. Aus der Definition folgt unmittelbar die Bedingung

$$\sum_{k=1}^{K} x_k^{(\varphi)} = 1. \tag{1.3}$$

Die chemische Zusammensetzung des Systems wird
durch $K-1$ der K Molenbrüche

$$X_k \equiv \frac{\sum\limits_{\varphi} N_k{}^{(\varphi)}}{\sum\limits_{\varphi}\sum\limits_{k} N_k{}^{(\varphi)}} \equiv \frac{N_k}{N} \qquad k = 1, \ldots, K \qquad (1.3\,\mathrm{A})$$

festgelegt, die mit den Mengenanteilen $x_k{}^{(\varphi)}$ in den verschiedenen Phasen über (Erhaltung der Teilchenzahl)

$$X_k = \frac{\sum\limits_{\varphi} x_k{}^{(\varphi)} N^{(\varphi)}}{N} \qquad k = 1, \ldots, K \qquad (1.3\,\mathrm{B})$$

verknüpft sind $(N^{(\varphi)} \equiv \sum\limits_{k} N_k{}^{(\varphi)}; \; N = \sum\limits_{\varphi}\sum\limits_{k} N_k{}^{(\varphi)}; \;$ Ein-
schränkung von Φ und K durch (2.17) bis (2.19) S. 36).

Auflösung des Gleichungssystems (1.3 B) nach den
Mengen der Phasen $N^{(\varphi)}$ ergibt

$$N^{(\varphi)} = \frac{D^{(\varphi R)}}{D^{(R)}}\, N - \sum_{q=R+1}^{\Phi} \frac{D_q{}^{(\varphi R)}}{D^{(R)}}\, N^{(q)} \qquad (\varphi = 1, 2, \ldots R),$$

$$(1.3\,\mathrm{C})$$

wobei

$$D^{(R)} \equiv \begin{vmatrix} x_1{}^{(1)} \cdots x_1{}^{(R)} \\ \vdots \\ x_R{}^{(1)} \cdots x_R{}^{(R)} \end{vmatrix},$$

$$D^{(\varphi R)} \equiv \begin{vmatrix} x_1{}^{(1)} \cdots x_1{}^{(\varphi-1)} X_1 & x_1{}^{(\varphi+1)} \cdots x_1{}^{(R)} \\ \vdots \\ x_R{}^{(1)} \cdots x_R{}^{(\varphi-1)} X_R & x_R{}^{(\varphi+1)} \cdots x_R{}^{(R)} \end{vmatrix}$$

und

$$D_q{}^{(\varphi R)} \equiv \begin{vmatrix} x_1{}^{(1)} \cdots x_1{}^{(\varphi-1)} x_1{}^{(q)} & x_1{}^{(\varphi+1)} \cdots x_1{}^{(R)} \\ \vdots \\ x_R{}^{(1)} \cdots x_R{}^{(\varphi-1)} x_R{}^{(q)} x_R{}^{(\varphi+1)} \cdots x_R{}^{(R)} \end{vmatrix}$$

die Determinanten von Konzentrationsmatrizen und R der Rang[1]) der Matrix $(x_k^{(\varphi)})$ mit K Zeilen und Φ Spalten ist.

Daneben wird auch (besonders vom Hersteller mehrkomponentiger Systeme) der Massegehalt

$$w_k^{(\varphi)} = \frac{m_k^{(\varphi)}}{\sum\limits_{k=1}^{K} m_k^{(\varphi)}} \tag{1.4}$$

als Maß der Zusammensetzung verwendet, wobei $m_k^{(\varphi)}$ die Masse aller Teilchen k in φ bedeutet.[2])

Der Zusammenhang zwischen (1.2) und (1.4) ist bei Kenntnis der relativen Atom- bzw. Molekülmassen A_k bzw. M_k der Komponenten k leicht herzustellen. Die Masse eines Atoms der Sorte k sei $A_k m_c/12$ ($m_c/12 = m_0$ atomare Masseneinheit, vgl. Tab. 1.2), diejenige aller Atome k in φ entsprechend

$$m_k^{(\varphi)} = N_k^{(\varphi)} A_k m_0 = x_k^{(\varphi)} N^{(\varphi)} A_k m_0 \tag{1.5}$$

mit $N^{(\varphi)} = \sum\limits_{k=1}^{K} N_k^{(\varphi)}$. Wegen $\sum\limits_{k=1}^{K} m_k^{(\varphi)} = N^{(\varphi)} m_0 \sum\limits_{k=1}^{K} x_k^{(\varphi)} A_k$ erhält man damit aus (1.4)

$$w_k^{(\varphi)} = \frac{x_k^{(\varphi)} A_k}{\sum\limits_{k=1}^{K} x_k^{(\varphi)} A_k} \tag{1.6}$$

und die Umkehrung

$$x_k^{(\varphi)} = \frac{w_k^{(\varphi)}/A_k}{\sum\limits_{k=1}^{K} w_k^{(\varphi)}/A_k}. \tag{1.7}$$

Sind die Komponenten Moleküle, ist A_k durch M_k zu ersetzen.

---

[1]) Unter dem Rang einer Matrix versteht man die höchste Ordnung einer von Null verschiedenen Determinante dieser Matrix, die aus einer (gleichen) Anzahl ihrer Zeilen und Spalten gebildet werden kann. Die Komponenten und Phasen denkt man sich so numeriert, daß die Elemente der betreffenden Determinante in der linken oberen Ecke der Matrix $(x_k^{(\varphi)})$ stehen. Der maximale Rang von $(x_k^{(\varphi)})$ ist $R = \Phi$ bei $\Phi \leq K$ und $R = K$ bei $\Phi = K + 1, K + 2$ (vgl. 2.4).

[2]) Analog zu (1.3A) wird der Masse-Gehalt von k im gesamten System durch $W_k = \sum\limits_{\varphi} m_k^{(\varphi)} / \sum\limits_{\varphi} \sum\limits_{k} m_k^{(\varphi)}$ eingeführt.

Tabelle 1.2

Relative Atommassen A der Elemente*)

		Z	A
Aluminium	Al	13	26,9815
Aktinium	Ac	89	[227]
Amerizium	Am	95	[243]
Antimon	Sb	51	121,75
Argon	Ar	18	39,948
Arsen	As	33	74,9216
Astatin	At	85	[210]
Barium	Ba	56	137,34
Berkelium	Bk	97	[247]
Beryllium	Be	4	9,0122
Blei	Pb	82	207,19
Bor	B	5	10,811
Brom	Br	35	79,904
Californium	Cf	98	[249]
Chlor	Cl	17	35,453
Chromium	Cr	24	51,996
Cobalt	Co	27	58,9332
Curium	Cm	96	[247]
Dysprosium	Dy	66	162,50
Einsteinium	Es	99	[254]
Eisen	Fe	26	55,847
Erbium	Er	68	167,26
Europium	Eu	63	151,96
Fermium	Fm	100	[257]
Fluor	F	9	18,9984
Franzium	Fr	87	[223]
Gadolinium	Gd	64	157,25
Gallium	Ga	31	69,72
Germanium	Ge	32	72,59
Gold	Au	79	196,967
Hafnium	Hf	72	178,49
Helium	He	2	4,0026
Holmium	Ho	67	164,930
Indium	In	49	114,82
Iod	I	53	126,9044
Iridium	Ir	77	192,2
Kadmium	Cd	48	112,40

*) Bezogen auf ^{12}C.
    Atomare Masseneinheit $m_0 = 1,6605655 \cdot 10^{-27}$ kg.
    Eingeklammerte Werte sind berechnet bzw. gelten nur für ein Isotop.

Fortsetzung Tabelle 1.2

		Z	A
Kalium	K	19	39,102
Kalzium	Ca	20	40,08
Kohlenstoff	C	6	12,011 15
Krypton	Kr	36	83,80
Kupfer	Cu	29	63,546
Kurtschatowium	Ku	104	[264]
Lanthan	La	57	138,91
Lawrenzium	Lr	103	[265]
Lithium	Li	3	6,939
Lutetium	Lu	71	174,97
Magnesium	Mg	12	24,312
Manggan	Mn	25	54,9380
Mendelewium	Md	101	[259]
Molybdän	Mo	42	95,94
Natrium	Na	11	22,9898
Neodymium	Nd	60	144,24
Neon	Ne	10	20,183
Neptunium	Np	93	[237]
Nielsborium	Ns	105	[273]
Nickel	Ni	28	58,71
Niobium	Nb	41	92,906
Nobelium	No	102	[258]
Osmium	Os	76	190,2
Palladium	Pd	46	106,4
Phosphor	P	15	30,9738
Platin	Pt	78	195,09
Plutonium	Pu	94	[244]
Polonium	Po	84	[209]
Praseodymium	Pr	59	140,907
Prometium	Pm	61	[145]
Protaktinium	Pa	91	[231]
Quecksilber	Hg	80	200,59
Radium	Ra	88	[226]
Radon	Rn	86	[222]
Rhenium	Re	75	186,2
Rhodium	Rh	45	102,905
Rubidium	Rb	37	85,47
Ruthenium	Ru	44	101,07
Samarium	Sm	62	150,35
Sauerstoff	O	8	15,9994
Schwefel	S	16	32,064
Selen	Se	34	78,96
Silber	Ag	47	107,868

2*

Fortsetzung Tabelle 1.2

		Z	A
Silizium	Si	14	28,086
Skandium	Sc	21	44,956
Stickstoff	N	7	14,0067
Strontium	Sr	38	87,62
Tantal	Ta	73	180,948
Technetium	Tc	43	[97]
Tellur	Te	52	127,60
Terbium	Tb	65	158,924
Thallium	Tl	81	204,37
Thorium	Th	90	232,038
Thulium	Tm	69	168,934
Titanium	Ti	22	47,90
Uranium	U	92	238,03
Vanadium	V	23	50,942
Wasserstoff	H	1	1,00797
Wismut	Bi	83	208,980
Wolfram	W	74	183,85
Xenon	Xe	54	131,30
Ytterbium	Yb	70	173,04
Yttrium	Y	39	88,905
Zäsium	Cs	55	132,905
Zer	Ce	58	140,12
Zink	Zn	30	65,37
Zinn	Sn	50	118,69
Zirkon	Zr	40	91,22

In Systemen mit halbleitenden Komponenten kann es zweckmäßig sein, die Teilchendichte $\bar{v}_k^{(\varphi)}$ der Komponente k in der
Phase φ anstelle von Mengen- oder Massenanteilen anzugeben.
Für diese gilt

$$\bar{v}_k^{(\varphi)} = \frac{N_k^{(\varphi)}}{V^{(\varphi)}} = \frac{n_k^{(\varphi)}}{V_{\mathrm{EZ}}} = x_k^{(\varphi)}\frac{n^{(\varphi)}}{V_{\mathrm{EZ}}} = x_k^{(\varphi)}\frac{\varrho^{(\varphi)}}{\overline{m}^{(\varphi)}}, \qquad (1.8)$$

wobei $n_k^{(\varphi)}$ bzw. $n^{(\varphi)}$ die Zahl der Teilchen k bzw. die Gesamtzahl pro Elementarzelle (Volumen V_{EZ}), $\varrho^{(\varphi)}$ die Massendichte
und $\overline{m}^{(\varphi)} = \sum_{k=1}^{K} m_k^{(\varphi)}/N_k^{(\varphi)}$ die mittlere Teilchenmasse bedeutet.
Im Unterschied zu $x_k^{(\varphi)}$ und $w_k^{(\varphi)}$ ist $\bar{v}_k^{(\varphi)}$ dimensionsbehaftet
(Volumen^{-1}).

Mitunter ist es notwendig, innerhalb eines Phasendiagramms die zugrunde gelegten Komponenten zu wechseln und dann die Angaben der Mengenanteile umzurechnen. Ein System enthalte z. B. ν chemische Verbindungen $Y_1, ..., Y_\nu$, deren Mengenanteile an ursprünglichen Komponenten (z. B. Elementen) x_{k0}^i ($i = \varkappa + 1,$ $..., \varkappa + \nu$; $k = 1, ..., K$) betragen. Diese Verbindungen sollen (in einem bestimmten Abschnitt des Phasendiagramms) als Komponenten fungieren. Die bisherigen Mengenangaben X_k, ($k = 1, ..., K$) sind in Zahlen $\xi_1, \xi_2, ..., \xi_{\varkappa+\nu}$ zu überführen, wobei ξ_i ($i > \varkappa$) den Mengenanteil einer Verbindung an der Gesamtmenge der Teilchen des Systems darstellt und $\varkappa \leq K$ der bisherigen Komponenten weiter als solche verwendet werden sollen.[1]

Eine Bilanz der Teilchenmengen ergibt

$$\xi_1 + x_{10}^{\varkappa+1}\,\xi_{\varkappa+1} + x_{10}^{\varkappa+2}\,\xi_{\varkappa+2} + \cdots + x_{10}^{\varkappa+\nu}\,\xi_{\varkappa+\nu} = X_1$$

$$\vdots \qquad\qquad\qquad\qquad\qquad\qquad\qquad\qquad \vdots$$

$$\xi_\varkappa + x_{\varkappa0}^{\varkappa+1}\,\xi_{\varkappa+1} + x_{\varkappa0}^{\varkappa+2}\,\xi_{\varkappa+2} + \cdots + x_{\varkappa0}^{\varkappa+\nu}\,\xi_{\varkappa+\nu} = X_\varkappa \qquad (1.8\,\text{a})$$

$$x_{\varkappa+1\,0}^{\varkappa+1}\,\xi_{\varkappa+1} + x_{\varkappa+1\,0}^{\varkappa+2}\,\xi_{\varkappa+2} + \cdots + x_{\varkappa+1\,0}^{\varkappa+\nu}\,\xi_{\varkappa+\nu} = X_{\varkappa+1}$$

$$\vdots \qquad\qquad\qquad\qquad\qquad\qquad\qquad\qquad \vdots$$

$$x_{K0}^{\varkappa+1}\,\xi_{\varkappa+1} + x_{K0}^{\varkappa+2}\,\xi_{\varkappa+2} + \cdots + x_{K0}^{\varkappa+\nu}\,\xi_{\varkappa+\nu} \qquad = X_K.$$

Eine eindeutige Lösung von (1.8 a) ist im Falle $\varkappa + \nu \leq K$ möglich. Sie lautet

$$\xi_i = \frac{D_i}{D}; \quad i = 1, 2, ..., \varkappa + \nu.[2] \qquad\qquad (1.8\,\text{b})$$

---

[1] Man kann diese auch als „Verbindungen" ansehen und hat mithin $\nu + \varkappa$ neue Komponenten.

[2] Vor Anwendung von (1.8 a) bis (1.8 e) ordnet man die Komponenten zweckmäßigerweise wie folgt: $\xi_1, ..., \xi_\varkappa$ Mengenanteile derjenigen ursprünglichen Komponenten, die auch im neuen System als Variable beibehalten werden; $\xi_{\varkappa+1}, ..., \xi_{\varkappa+\nu}$ Mengenanteile der neuen Verbindungen. Die Indizes der Verbindungsnummern laufen also von $\varkappa + 1$ bis $\varkappa + \nu$. In der Zählung der Komponenten k verfährt man ebenso, nur bezeichnen hier die Nummern $\varkappa + 1 \cdots K$ diejenigen der ursprünglichen Komponenten, die im neuen System *nicht* mehr als Variable auftreten. Für ein Beispiel vgl. 4.1.3.

1. Grundbegriffe

22

Dabei ist bei $1 \leqq i \leqq \varkappa$

$$D_i \equiv \begin{vmatrix}
1 & 0 \ldots 0 & X_1 & 0 \ldots 0 & x_{10}^{\varkappa+1} & x_{10}^{\varkappa+2} \ldots x_{10}^{\varkappa+\nu} \\
0 & 1 \ldots 0 & X_2 & 0 \ldots 0 & x_{20}^{\varkappa+1} & x_{20}^{\varkappa+2} \ldots x_{20}^{\varkappa+\nu} \\
\vdots & & & & & \\
0 & 0 \ldots 1 & X_{i-1} & 0 \ldots 0 & x_{i-1}^{\varkappa+1}0 & \ldots x_{i-1}^{\varkappa+\nu}0 \\
0 & 0 \ldots 0 & X_i & 0 \ldots 0 & x_{i0}^{\varkappa+1} & \ldots x_{i0}^{\varkappa+\nu} \\
0 & 0 \ldots 0 & X_{i+1} & 1 \ldots 0 & x_{i+1}^{\varkappa+1}0 & \ldots x_{i+1}^{\varkappa+\nu}0 \\
0 & 0 \ldots 0 & X_\varkappa & 0 \ldots 1 & x_{\varkappa0}^{\varkappa+1} & \ldots x_{\varkappa0}^{\varkappa+\nu} \\
0 & 0 \ldots 0 & X_{\varkappa+1} & 0 \ldots 0 & x_{\varkappa+1}^{\varkappa+1}0 & \ldots x_{\varkappa+1}^{\varkappa+\nu}0 \\
0 & 0 \ldots 0 & X_{\varkappa+\nu} & 0 \ldots 0 & x_{\varkappa+\nu}^{\varkappa+1}0 & \ldots x_{\varkappa+\nu}^{\varkappa+\nu}0
\end{vmatrix} \qquad (1.8\,\mathrm{c})$$

und bei $\varkappa < i \leqq \varkappa + \nu$

$$D_i \equiv \begin{vmatrix}
1 & 0 \ldots 0 & x_{10}^{\varkappa+1} & \ldots x_{10}^{i-1} & X_1 & x_{10}^{i+1} & \ldots x_{10}^{\varkappa+\nu} \\
0 & 1 \ldots 0 & x_{20}^{\varkappa+1} & \ldots x_{20}^{i-1} & X_2 & x_{20}^{i+1} & \ldots x_{20}^{\nu} \\
\cdots & & & & & & \\
0 & 0 \ldots 1 & x_{\varkappa0}^{\varkappa+1} & \ldots x_{\varkappa0}^{i-1} & X_\varkappa & x_{\varkappa0}^{i+1} & \ldots x_{\varkappa0}^{\varkappa+\nu} \\
0 & 0 \ldots 0 & x_{\varkappa+1}^{\varkappa+1}0 & \ldots x_{\varkappa+1}^{i-1}0 & X_{\varkappa+1} & x_{\varkappa+1}^{i+1} & \ldots x_{\varkappa+\nu}^{\varkappa+\nu}0 \\
\cdots & & & & & & \\
0 & 0 \ldots 0 & x_{\varkappa+\nu}^{\varkappa+1}0 & \ldots x_{\varkappa+\nu}^{i-1}0 & X_{\varkappa+\nu} & x_{\varkappa+\nu}^{i+1} & \ldots x_{\varkappa+\nu}^{\varkappa+\nu}0
\end{vmatrix} \qquad (1.8\,\mathrm{d})$$

sowie

$$D \equiv \begin{vmatrix}
1 & 0 \ldots 0 & x_{10}^{\varkappa+1} & x_{10}^{\varkappa+2} & \ldots x_{10}^{\varkappa+\nu} \\
0 & 1 \ldots 0 & x_{20}^{\varkappa+1} & x_{20}^{\varkappa+2} & \ldots x_{20}^{\varkappa+\nu} \\
\cdots & & & & \\
0 & 0 \ldots 1 & x_{\varkappa0}^{\varkappa+1} & x_{\varkappa0}^{\varkappa+2} & \ldots x_{\varkappa0}^{\varkappa+\nu} \\
0 & 0 \ldots 0 & x_{\varkappa+1}^{\varkappa+1}0 & x_{\varkappa+1}^{\varkappa+2}0 & \ldots x_{\varkappa+1}^{\varkappa+\nu}0 \\
\cdots & & & & \\
0 & 0 \ldots 0 & x_{\varkappa+\nu}^{\varkappa+1}0 & x_{\varkappa+\nu}^{\varkappa+2}0 & \ldots x_{\varkappa+\nu}^{\varkappa+\nu}0
\end{vmatrix} \neq 0. \qquad (1.8\,\mathrm{e})$$

Im thermodynamischen Gleichgewicht des Systems müssen alle infinitesimalen Änderungen seines Zustandes reversibel verlaufen. Das Gleichgewicht kann auch metastabil sein. Dann führen nichtinfinitesimale Änderungen zu einem stabileren Zustand (vgl. 2.7).

Für die einzelnen Phasen bedeutet thermodynamisches Gleichgewicht, daß Energie- und Masseströme durch Phasengrenzflächen in beiden Richtungen gleichgroß sind und makroskopische Eigenschaften jeder Phase zeitunabhängig werden.

1.3.   *Thermodynamische Potentiale*

In der Thermodynamik werden Funktionen konstruiert, die im thermodynamischen Gleichgewicht Extremwerte[1]) annehmen und aus denen alle Zustandsgrößen durch Differentiation abgeleitet werden können. Von diesen sog. thermodynamischen Potentialen werden folgende häufig benutzt:

a) innere Energie $U(S, V)$ $\hspace{4cm}$ (1.9)

b) Enthalpie $H(S, p) \equiv U + pV$[2]) $\hspace{3cm}$ (1.10)

c) freie Energie (HELMHOLTZ) $F(T, V) \equiv U - TS$ (1.11)

d) freie Enthalpie (GIBBS) $G(T, p) \equiv U + pV - TS.$

$$(1.12)$$

Die Extremaleigenschaft im Gleichgewicht liegt vor, wenn die in Klammern stehenden Zustandsgrößen konstant gehalten werden. Alle angeführten Funktionen

---

[1]) Für die folgenden Beispiele (1.9) bis (1.12) sind dies Minimalwerte. Die Entropie S z. B. wird für gegebene Werte von U und V dagegen maximal.

[2]) Bewegt sich das System mit der Geschwindigkeit βc (c Lichtgeschwindigkeit, $\beta \leqq 1$), dann ist für die Enthalpie zweckmäßigerweise $H = U + pV/(1 - \beta^2)$ zu schreiben, die freie Enthalpie wäre $G = H - TS = (H_0 - T_0 S_0)/\sqrt{1 - \beta}$ usw. (Index 0 für ruhendes System; vgl. ARZELIÈS).

sind außerdem noch von der chemischen Zusammensetzung $x_k^{(\varphi)}$ abhängig.

Die Änderung des thermodynamischen Potentials einer Phase φ hat den Teilchenaustausch der Phasen untereinander zu berücksichtigen (offene Phasen). Für die innere Energie schreiben wir unter Verwendung des 1. und 2. Hauptsatzes der Thermodynamik

$$\mathrm{d}U^{(\varphi)} = T^{(\varphi)}\,\mathrm{d}S^{(\varphi)} - p^{(\varphi)}\,\mathrm{d}V^{(\varphi)}$$

$$+ \sum_{k=1}^{K} \left(\frac{\partial U^{(\varphi)}}{\partial N_k^{(\varphi)}}\right)_{S^{(\varphi)},V^{(\varphi)},N_j^{(\varphi)}} \mathrm{d}N_k^{(\varphi)} \quad (j \neq k). \quad (1.13)$$

Dabei ist

$$\left(\frac{\partial U^{(\varphi)}}{\partial N_k^{(\varphi)}}\right)_{S^{(\varphi)},V^{(\varphi)},N_j^{(\varphi)}} = \mu_k^{(\varphi)} \quad (1.14)$$

ein substanzabhängiges Maß für den Beitrag des Teilchenaustausches einer Komponente durch die Phasengrenzfläche (Entropie, Volumen, Teilchenzahlen der anderen Komponenten konstant) zur Änderung der inneren Energie. Es wird als chemisches Potential bezeichnet. Damit tritt eine Summe über chemische Potentiale $\mu_k^{(\varphi)}$ in den Änderungen aller übrigen Potentiale (1.10) bis (1.12) auf. Für Zahlenwerte vgl. Tab. 1.3.

Tabelle 1.3

Beispiele chemischer Potentiale $\mu_k^{(\varphi)} - \mu_k^{(0)}$ binärer Systeme (nach KUBASCHEWSKI, EVANS)

k	φ	0	$1 - x_k$	$T/°\mathrm{C}$	$\mu_k^{(\varphi)} - \mu_k^{(0)}/\mathrm{kJ\ mol^{-1}}$
Ag	Ag−Al	Ag	0,1	1000	−1,507
	Ag−Al	Ag	0,9	1000	−33,787
	Ag−Au	Ag	0,1	1071	−1,214
Ni	Au−Ni	Ni	0,9	850	−10,073
Si	Ni−Si	Si	0,9	1510	−113,04
O_2	Zr−O	O_2	0,8	1000	−937,8

Am Beispiel der freien Enthalpie $G^{(\varphi)}$ sei demonstriert, wie man alle übrigen Funktionen und Parameter durch Differentation nach den unabhängigen Variablen p und T erhält (Index φ werde weggelassen)

$$S = -\frac{\partial G}{\partial T} \qquad\qquad H = G - T\,\frac{\partial G}{\partial T}$$

$$V = \frac{\partial G}{\partial p} \qquad\qquad F = G - p\,\frac{\partial G}{\partial p} \qquad (1.15)$$

$$U = G - T\,\frac{\partial G}{\partial T} - p\,\frac{\partial G}{\partial p} \qquad \mu_k = \frac{\partial G}{\partial N_k}.$$

Bei der Integration der thermodynamischen Potentiale macht man von ihrer Eigenschaft Gebrauch, homogene Funktionen ersten Grades in den extensiven Variablen zu sein.[1]) Aus (1.13) wird z. B.

$$U^{(\varphi)} = T^{(\varphi)}S^{(\varphi)} - p^{(\varphi)}V^{(\varphi)} + \sum_{k=1}^{K} \mu_k^{(\varphi)}N_k^{(\varphi)}, \qquad (1.16)$$

die freie Enthalpie beträgt somit

$$G^{(\varphi)} = \sum_{k=1}^{K} \mu_k^{(\varphi)}N_k^{(\varphi)}. \qquad (1.17)$$

Die Potentiale für das Gesamtsystem ergeben sich als Summe über die Beiträge aller Φ Phasen. Beispielsweise nehmen die Änderungen der inneren Energie und der freien Enthalpie die Form

$$\mathrm{d}U = \sum_{\varphi=1}^{\Phi} T^{(\varphi)}\,\mathrm{d}S^{(\varphi)} - \sum_{\varphi} p^{(\varphi)}\,\mathrm{d}V^{(\varphi)} + \sum_{\varphi}\sum_{k} \mu_k^{(\varphi)}\mathrm{d}N_k^{(\varphi)}$$

$$(1.18)$$

---

[1]) Die Teilchenzahländerung betrage $\mathrm{d}N_k^{(\varphi)} = N_k^{(\varphi)}\,\mathrm{d}\xi$, die Konzentrationen seien konstant. Extensive Größen ändern sich im gleichen Maße, intensive bleiben konstant: $\mathrm{d}S^{(\varphi)} = S^{(\varphi)}\,\mathrm{d}\xi$, $\mathrm{d}V^{(\varphi)} = V^{(\varphi)}\,\mathrm{d}\xi$, $\mathrm{d}U^{(\varphi)} = U^{(\varphi)}\,\mathrm{d}\xi$, $\mathrm{d}p^{(\varphi)} = 0$, $\mathrm{d}\mu_k^{(\varphi)} = 0$, $\mathrm{d}T^{(\varphi)} = 0$. Aus (1.13) wird $U^{(\varphi)}\,\mathrm{d}\xi = T^{(\varphi)}S^{(\varphi)}\,\mathrm{d}\xi - p^{(\varphi)}V^{(\varphi)}\,\mathrm{d}\xi + \sum_{k} \mu_k^{(\varphi)}N_k^{(\varphi)}\,\mathrm{d}\xi$. Integration über ξ von 0 bis 1 führt auf (1.16). (vgl. GUGGENHEIM 1967).

und

$$\mathrm{d}G = -\sum_\varphi S^{(\varphi)}\,\mathrm{d}T^{(\varphi)} + \sum_\varphi V^{(\varphi)}\,\mathrm{d}p^{(\varphi)} + \sum_\varphi \sum_k \mu_k^{(\varphi)}\,\mathrm{d}N_k^{(\varphi)}$$

$$(1.19)$$

an.

Die Änderungen der chemischen Potentiale unter-
liegen einer Beschränkung, die häufig gebraucht und
daher noch angegeben werden soll

$$\sum_{k=1}^K x_k^{(\varphi)}\,\mathrm{d}\mu_k^{(\varphi)} = 0 \qquad p^{(\varphi)},\, T^{(\varphi)} = \mathrm{const.}^1) \quad (1.20)$$

Diese GIBBS-DUHEM-Gleichung ergibt sich aus dem Vergleich
von $\mathrm{d}G^{(\varphi)} = \sum_k \mu_k^{(\varphi)}\,\mathrm{d}N_k^{(\varphi)} + \sum_k N_k^{(\varphi)}\,\mathrm{d}\mu_k^{(\varphi)}$ (vgl. (1.17)) mit
$\mathrm{d}G^{(\varphi)} = \sum_k \mu_k^{(\varphi)}\,\mathrm{d}N_k^{(\varphi)}$ nach (1.19), stets $p^{(\varphi)}$ und $T^{(\varphi)}$ als konstant angesehen. Im Falle des zweikomponentigen Systems mit
$x_2^{(\varphi)} = x^{(\varphi)}$, $x_1^{(\varphi)} = 1 - x^{(\varphi)}$ wird (1.20)

$$(1 - x^{(\varphi)}) \frac{\partial \mu_1^{(\varphi)}}{\partial x^{(\varphi)}} + x^{(\varphi)} \frac{\partial \mu_2^{(\varphi)}}{\partial x^{(\varphi)}} = 0. \qquad (1.21)$$

1.4.   *Aktivität und Dampfdruck*

Durch das chemische Potential kann eine weitere
Größe definiert werden, die für Anwendungen nützlich
ist, die absolute Aktivität $\bar{a}_k^{(\varphi)}$ einer Komponente k
in der Phase φ:

$$\bar{a}_k^{(\varphi)} \equiv \mathrm{e}^{\mu_k^{(\varphi)}/k_\mathrm{B}T},\,^2) \qquad (1.22)$$

k_B BOLTZMANN-Konstante.

---

1) Beim Übergang von den Variablen $p^{(\varphi)}$, $T^{(\varphi)}$, $x_k^{(\varphi)}$ zu $p^{(\varphi)}$, $T^{(\varphi)}$, $\mu_k^{(\varphi)}$
   ändert sich demnach erwartungsgemäß auch die Zahl der unabhängigen
   Parameter nicht. Für die $x_k^{(\varphi)}$ galt bekanntlich (1.3).

2) Das Attribut „absolut" soll Verwechslung mit den relativen Aktivitäten
   vermeiden helfen, hat mit einer absoluten Festlegung des Energie-Null-
   punktes nichts zu tun.

In Mischkristallen (oder festen Lösungen) bezieht man gewöhnlich auf die Aktivität einer Komponente. Dann ist

$$\mu_k^{(\varphi)} - \mu_k^{(0)} = k_\mathrm{B}T \ln \frac{\bar{a}_k^{(\varphi)}}{\bar{a}_k^{(0)}} \qquad (1.23)$$

ein Maß für die Eigenschaftsänderung der Phase φ gegenüber der Bezugsphase 0 infolge Zulegierens der Komponente k. Wenn die (Dampf-) Drücke der Komponente k über der (hier meist festen) Phase φ klein sind, läßt sich das chemische Potential aus der bekannten Zustandsgleichung idealer Gase $p_k^{(\alpha)}V^{(\alpha)} = N_k^{(\alpha)}k_\mathrm{B}T$ gewinnen. Wegen (1.15) $(\partial G^{(\alpha)}/\partial p_k^{(\alpha)})_T = V^{(\alpha)}$ ist $G^{(\alpha)} = G_k^{(0)} + N_k^{(\alpha)}k_\mathrm{B}T \ln (p_k^{(\alpha)}/p_k^{(0)})$ und weiterhin $\mu_k^{(\alpha)} = \mu_k^{(0)} + k_\mathrm{B}T \ln (p_k^{(\alpha)}/p_k^{(0)})$ mit $p_k^{(0)}$ als willkürlich wählbarem Bezugsdruck. Aus dem Vergleich mit (1.23) folgt

$$\frac{\bar{a}_k^{(\varphi)}}{\bar{a}_k^{(0)}} = \frac{\bar{a}_k^{(\alpha)}}{\bar{a}_k^{(0)}} = \frac{p_k^{(\alpha)}}{p_k^{(0)}}\,^{1)} \qquad (p_k \text{ klein}), \qquad (1.24)$$

und damit der Anschluß chemischer Potentiale an die Meßgröße Dampfdruck (quantitative Angaben vgl. Abb. 3.3).

Eine Lösung heißt ideal, wenn $\bar{a}_k^{(\varphi)}/\bar{a}_k^{(0)} = x_k^{(\varphi)}$ gilt, wobei sich $\bar{a}_k^{(0)}$ auf die reine Komponente bezieht.[2] Sie ist nicht ideal, wenn

$$\frac{\bar{a}_k^{(\varphi)}}{\bar{a}_k^{(0)}} = x_k^{(\varphi)}f_k^{(\varphi)} \qquad (1.25)$$

gilt, mit einem Aktivitätskoeffizienten $f_k^{(\varphi)} \neq 1$. Zahlenwerte enthält Tab. 1.4.

---

[1] Da sich die Dampfphase α mit der festen Phase φ im Gleichgewicht befinden soll, muß $\mu_k^{(\alpha)} = \mu_k^{(\varphi)}$ und demnach auch $a_k^{(\alpha)} = a_k^{(\varphi)}$ gelten (vgl. (2.3)).

[2] Das folgt aus (1.20) und (1.22), d. h. wegen $\sum_k x_k^{(\varphi)} \cdot (\partial \ln a_k^{(\varphi)}/\partial x_k^{(\varphi)}) = 0$ aus $\partial \ln a_1^{(\varphi)}/\partial \ln x_1^{(\varphi)} = \partial \ln a_2^{(\varphi)}/\partial \ln x_2^{(\varphi)}$.

Tabelle 1.4

Beispiele von Aktivitätskoeffizienten (nach LINDSCHEID)

System	Temperatur/°C	f_i	i
Fe-90 Gew. % Pd	1600	0,52	Fe
		0,49	Pd
	1550	0,3	Fe
		0,6	Pd
Fe-50 Gew. % Pd	1600	0,97	Fe
		0,26	Pd
	1550	0,96	Fe
		0,31	Pd
Fe-25 Gew. % Pd	1600	1,02	Fe
		0,28	Pd
	1550	1,04	Fe
		0,24	Pd

2. Phasengleichgewicht

Aus allgemeinen thermodynamischen Gleichgewichtsbedingungen lassen sich Folgerungen für die Form der
Phasendiagramme im Gleichgewicht ableiten. Dazu
kommen Aussagen über Zusammensetzung, Mengenanteile und Anzahl der Phasen.

2.1. *Gleichgewichtsbedingungen für heterogene Systeme*

Zunächst wählen wir ein zu den äußeren Bedingungen
passendes thermodynamisches Potential (vgl. 1.3) aus,
das im Gleichgewicht die erwähnte Extremaleigenschaft
aufweist. In Tab. 2.1 sind die vier früher aufgeführten
Beispiele zusammengestellt. Im Bereich der Untersuchungen am Festkörper eignen sich besonders F
und G als thermodynamische Potentiale. Die allgemeine
Gleichgewichtsbedingung an das System kann daher
durch

$$G_{p,T} \rightarrow \text{Minimum} \tag{2.1a}$$

oder

$$F_{V,T} \to \text{Minimum} \qquad (2.1\,\text{b})$$

zum Ausdruck gebracht werden.

Für Flüssigkeiten nicht zu nahe am kritischen Punkt (vgl. 3.1) und für Festkörper lassen sich bei Drücken $\leq 10^5$ Pa Terme der Form pV oder $V\,dp$ vernachlässigen. Daher hat man praktisch $dG \approx dF$ und $dU \approx dH$.

Tabelle 2.1

Zur Wahl thermodynamischer Potentiale im Gleichgewicht

äußere Bedingungen	Potentialänderung im Gleichgewicht
$S = \text{const}, V = \text{const}$	$dU = 0$
$S = \text{const}, p = \text{const}$	$dH = 0$
$T = \text{const}, V = \text{const}$	$dF = 0$
$T = \text{const}, p = \text{const}$	$dG = 0$

Am Beispiel der freien Enthalpie sollen Bedingungen für das Gleichgewicht der einzelnen Phasen des Systems (sog. inneres Gleichgewicht) angegeben werden. Das System befinde sich bei $T = \text{const}$ und $p = \text{const}$ in einem Gefäß, das keinen Teilchenaustausch mit der Umgebung, wohl aber zwischen den Phasen zuläßt. Für eine reversible Überführung von Komponenten innerhalb des Systems gilt dann nach (1.19)

$$\sum_{\varphi=1}^{\Phi} \sum_{k=1}^{K} \mu_k^{(\varphi)} \, dN_k^{(\varphi)} = 0$$

$$T = \text{const}, \ p = \text{const} \qquad (2.2)$$

(2.2) läßt sich in eine leicht zu merkende Form bringen. Bedenkt man die Abgeschlossenheit des Systems $\sum_{\varphi=1}^{\Phi} dN_k^{(\varphi)} = 0$, d. h. z. B. $dN_k^{(\Phi)} = -\sum_{\varphi=1}^{\Phi-1} dN_k^{(\varphi)}$, und zerlegt (2.2) gemäß

$$\sum_{\varphi=1}^{\Phi-1} \sum_{k}' \mu_k{}^{(\varphi)}\, \mathrm{d}N_k{}^{(\varphi)} + \sum_{k} \mu_k{}^{(\Phi)}\, \mathrm{d}N_k{}^{(\Phi)}$$

$$= \sum_{\varphi=1}^{\Phi-1} \sum_{k} \left(\mu_k{}^{(\varphi)} - \mu_k{}^{(\Phi)}\right) \mathrm{d}N_k{}^{(\varphi)} = 0,$$

dann folgt hieraus

$$\mu_k{}^{(\varphi)} = \mu_k{}^{(\Phi)} = \mu_k \tag{2.3}$$

$$k = 1, \ldots, K \qquad \varphi = 1, \ldots, \Phi - 1,$$

also die Gleichheit der chemischen Potentiale einer Komponente in allen Phasen (Φ war eine beliebig herausgegriffene), so daß der Phasenindex weggelassen werden kann. Im allgemeinen hängen die chemischen Potentiale von den Mengenanteilen der Komponenten ab: $\mu_k = \mu_k(x_k{}^{(\varphi)})$. Durch (2.3) wird dann die Verteilung der Komponenten auf die einzelnen Phasen festgelegt.

2.2.   *Stabilitätskriterien*

Infinitesimale Zustandsänderungen können ein stabiles Gleichgewicht nicht zerstören. Der analytische Ausdruck dafür ist z. B. für G

$$\frac{\mathrm{d}^2 G}{\mathrm{d}\xi^2} > 0, \quad \xi \text{ Zustandsgröße.} \tag{2.4}$$

Für den Austausch von Komponenten zwischen den Phasen bedeutet das unter Verwendung von (1.15) und (2.3)

$$\left(\frac{\partial^2 G}{\partial N_k{}^{(\varphi)}}\right)_{T,p,N_{i \neq k}^{(\varphi)}} = \left(\frac{\partial^2 G^{(\varphi)}}{\partial N_k{}^{(\varphi)2}}\right)_{T,p,N_{i \neq k}^{(\varphi)}} = \left(\frac{\partial \mu_k}{\partial N_k{}^{(\varphi)}}\right)_{T,p,N_{i \neq k}^{(\varphi)}} > 0. \tag{2.5}$$

Ist das Gleichgewicht stabil, muß ein Zusatz der Komponente k (bei unveränderten Mengen der übrigen Komponenten) zur Vergrößerung des chemischen Potentials der betrachteten Phase führen.

Für die Geometrie der $G^{(\varphi)}(N_k^{(\varphi)})$-Kurve bedeutet (2.5) einen zur Abszisse konvexen Verlauf (vgl. Abb. 4.4). Wird das Ungleichheitszeichen in (2.5) umgekehrt, ist die Phase gegen Konzentrationsschwankungen instabil. Der Grenzfall der stabilen Phase wird somit durch die Bedingung

$$\left(\frac{\partial^2 G^{(\varphi)}}{\partial N_k^{(\varphi)2}}\right)_{T,p,N_{i\neq k}^{(\varphi)}} = \left(\frac{\partial \mu_k}{\partial N_k^{(\varphi)}}\right)_{T,p,N_{i\neq k}^{(\varphi)}} = 0 \qquad (2.6)$$

markiert (vgl. auch Abb. 4.9).

2.3. *Mengenanteile der Komponenten und Phasen*

Anstelle der extensiven werden oft intensive thermodynamische Potentiale benutzt. Auf die Teilchenmenge bezogen, lautet dann (1.17)

$$\frac{G^{(\varphi)}}{\sum\limits_k N_k^{(\varphi)}} \equiv \zeta^{(\varphi)} = \sum_k x_k^{(\varphi)} \mu_k^{(\varphi)}. \qquad (2.7)$$

$\zeta^{(\varphi)}$ ist die molare freie Enthalpie der Phase φ[1]). Liegt ein Phasengemisch vor, wird

$$\frac{\sum\limits_\varphi G^{(\varphi)}}{\sum\limits_\varphi \sum\limits_k N_k^{(\varphi)}} \equiv g = \frac{1}{\sum\limits_\varphi \sum\limits_k N_k^{(\varphi)}} \sum \zeta^{(\varphi)} \sum N_k^{(\varphi)} \qquad (2.8)$$

die molare freie Enthalpie des gesamten Systems.

Wir stellen nun die Frage, welche Mengenanteile der Komponenten in jeder der Phasen des Gleichgewichts-

---

[1]) Die Bezeichnung „molar" erinnert an die Maßeinheit der Teilchenmenge, das Mol. Da hier durchweg Größengleichungen verwendet werden, sind die angegebenen Relationen unabhängig von der Wahl der Maßeinheiten gültig. Besonders in der chemischen Literatur ist es jedoch noch üblich, teilchenzahlbezogene Größen, wie $\zeta^{(\varphi)}$, im Sinne einer zugeschnittenen Größengleichung als auf die spezielle Teilchenzahl $N_k = 6{,}02 \cdot 10^{23}$ Teilchen = 1 Mol Teilchen bezogen anzusehen. Davon werden die Maßzahlen, aber nicht die Größen berührt. Wir verwenden dennoch die Bezeichnung „molar" ihrer Kürze wegen.

systems vorliegen. Zur Beantwortung betrachten wir ein System aus $K = 2$ Komponenten und $\Phi = 2$ Phasen. Das Ergebnis ist nicht auf dieses Beispiel beschränkt (vgl. 5.1.4). Die Komponenten seien mit A und B, die Phasen mit ' und '' bezeichnet. Wegen (1.3) reichen die Mengenangaben $x' \equiv x_B'$ und $x'' \equiv x_B''$ zur vollständigen Kennzeichnung der Zusammensetzung aus, und der Index B kann noch weggelassen werden.

Wir denken uns weiterhin die chemischen Potentiale $\mu_A'(x')$, $\mu_B'(x')$, $\mu_A''(x'')$ und $\mu_B''(x'')$ und damit die molaren freien Enthalpien der beteiligten Phasen gegeben. Nach (2.7) ist

$$\zeta' = (1 - x')\,\mu_A'(x') + x'\mu_B'(x')$$

und   (2.9)

$$\zeta'' = (1 - x'')\,\mu_A''(x'') + x''\mu_B''(x'').$$

Aus den in 2.2 angegebenen Gründen wird der Verlauf $\zeta'(x')$ und $\zeta''(x'')$ etwa die in Abb. 2.1 angegebene Form besitzen. Zwischen den chemischen Potentialen bestehen die Beziehungen (2.3), die unter Berücksichtigung der unterschiedlichen Gleichgewichtskonzentrationen x_0' und x_0'' (zunächst noch unbekannt) die Gestalt

$$\mu_A'(x_0') = \mu_A''(x_0'')$$

(2.10)

$$\mu_B'(x_0') = \mu_B''(x_0'')$$

annehmen. (2.10) enthält also 2 Gleichungen für die beiden Unbekannten x_0' und x_0'' und damit implizit die Antwort auf die obige Frage.

Für den Fall, daß die chemischen Potentiale und die molaren freien Enthalpien nicht in analytischer, sondern in graphischer Form gegeben sind, weisen wir auf ein geometrisches Lösungsverfahren hin, das wegen seiner Anschaulichkeit auch dann interessant ist, wenn die Funktionen $\mu_k^{(\varphi)}$ $(x_k^{(\varphi)})$ analytisch bekannt sein sollten.

Einsetzen von (2.10) in (2.9) und Subtraktion der beiden Beziehungen (2.9) ergibt

$$\zeta'(x_0') - \zeta''(x_0'') = (x_0'' - x_0')\,(\mu_A'(x_0') - \mu_B'(x_0')). \qquad (2.11)$$

Differentiation von (2.9) nach x' bzw. x'' liefert

$$\frac{\partial \zeta'}{\partial x'} = \mu_B'(x') - \mu_A'(x')$$

$$\frac{\partial \zeta''}{\partial x''} = \mu_B''(x'') - \mu_A''(x'') \tag{2.12}$$

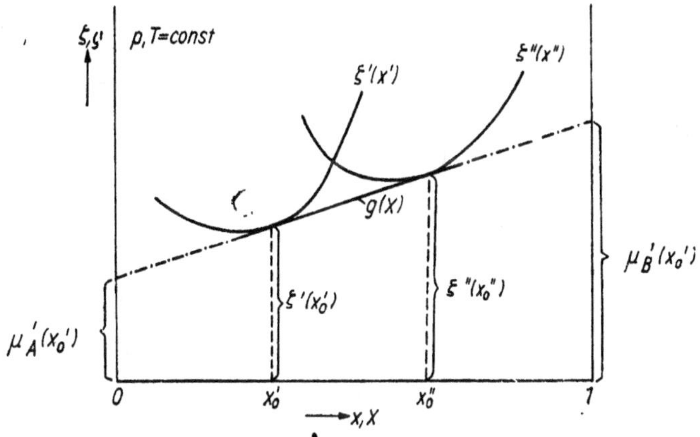

Abb. 2.1. Bestimmung der Mengenanteile x_0' und x_0'' der Komponente B in den beiden Phasen ' und '' aus dem Verlauf der molaren freien Enthalpie durch Bildung der gemeinsamen Tangente. Auf den Ordinatenachsen liest man die chemischen Potentiale $\mu_A'(x_0') = \mu_A''(x_0'')$ und $\mu_B'(x_0') = \mu_B''(x_0'')$ der Phasen im Gleichgewicht ab. Denn wird in (2.12) und (2.9) z. B. $\mu_B'(x')$ eliminiert, dann bleibt $(\partial \zeta'/\partial x')_{x_0'} = [\zeta'(x_0') - \mu_A'(x_0')]/x_0'$. Ersetzt man dagegen $\mu_A'(x')$, dann behält man $(\partial \zeta'/\partial x')_{x_0'} = [\mu_B'(x_0') - \zeta'(x_0')]/[1 - x_0']$, q. e. d.

und damit die Möglichkeit der Elimination der chemischen Potentiale an den Stellen x_0' und x_0''. Setzt man (2.12) in (2.11) ein, dann erhält man die angekündigte geometrische Lösungsvorschrift:

$$\frac{\varsigma''(x_0'') - \varsigma'(x_0')}{x_0'' - x_0'} = \left.\frac{\partial \varsigma'}{\partial x'}\right|_{x_0'} = \left.\frac{\partial \varsigma''}{\partial x''}\right|_{x_0''}. \tag{2.13}$$

Sie besagt, daß der Anstieg der Geraden durch die Punkte $\zeta'(x_0')$ und $\zeta''(x_0'')$ gleich dem Anstieg der Tangente sowohl an ζ' als auch an ζ'' in den gesuchten Punkten ist. Man findet also bei gegebenem Verlauf von $\zeta^{(\varphi)}$ die Mengenanteile der Komponenten in den am Gleichgewicht beteiligten Phasen durch die gemeinsame Tangente (vgl. Abb. 2.1).

Das Mengenverhältnis der beiden Phasen N'/N'' hängt von der Zusammensetzung des Systems X ab und beträgt nach (1.3 B)

$$\frac{N'}{N''} = \frac{x_0'' - X}{X - x_0'}, \quad x_0' \leqq X \leqq x_0'', \qquad (2.14)$$

wobei $N^{(\varphi)} = N'$, N'' und $N = N' + N''$ gesetzt wurde.

Auch für dieses Ergebnis gibt es eine einprägsame geometrische Interpretation. Denkt man sich die Phasen als ihren Teilchenmengen proportionale Kräfte an den Punkten x_0' und x_0'' angebracht und die Strecken $x_0'' - X$ bzw. $X - x_0'$ als Hebelarme mit Drehpunkt bei X, dann drückt (2.14) die Gleichheit der Drehmomente dieser Kräfte aus (Hebelgesetz).[1]

Bei den bisherigen Betrachtungen war vorausgesetzt worden, daß die Zusammensetzung des Systems X zwischen den beiden Phasenzusammensetzungen x_0' und x_0'' der Abb. 2.1 liegt. In diesem Fall besteht das System aus den beiden Phasen ' und '' mit X-abhängigem Mengenverhältnis. Die Tangente an ζ' und ζ'' in Abb. 2.1 hat zwischen x_0' und x_0'' die Bedeutung der molaren freien Enthalpie des Zweiphasengemisches, nach (2.8) also

$$g = \frac{N'}{N' + N''} \zeta'(x_0') + \frac{N''}{N' + N''} \zeta''(x_0''), \quad (2.15)$$

---

[1] Die Verallgemeinerung von (2.14) auf ein System mit $K \geqq \Phi$ Komponenten erhält man aus (1.3C) zu $N^{(\varphi)} = D^{\varphi R} N / D^R$ ($\varphi = 1, 2, \ldots, \Phi$), denn der Rang R ist in diesem Falle der maximale $R = \Phi$. Systeme mit $\Phi = K + 1$ bzw. $K + 2$ (vgl. 2.4) gestatten es nicht, über (1.3B) die Phasenmengen $N^{(\varphi)}$ eindeutig durch $x_k^{(\varphi)}$, N und X_k auszudrücken, weil die Zahl der Unbekannten die Zahl der Gleichungen übersteigt. (1.3C) läßt sich jedoch auf die Form $N^{(\varphi)} = D^{\varphi \Phi - \lambda} N / D^{\Phi - \lambda} - N^{K+1} D^{K+1 \Phi - \lambda} / D^{\Phi - \lambda} - N^{K+2} D^{K+2 \Phi - \lambda} / D^{\Phi - \lambda}$ mit $\varphi = 1, 2, \ldots, \Phi - \lambda$ bringen. Die Determinanten D sind wie in (1.3C) definiert. λ ist die größere der beiden Zahlen $\Phi - K$ und Null. Diese Form des Hebelgesetzes enthält auch die übrigen Fälle und ist die allgemeinste (vgl. PALATNIK, LANDAU).

denn mit (2.14) wird hieraus

$$g(X) = \frac{x_0'' - X}{x_0'' - x_0'}\, \zeta'(x_0') + \frac{X - x_0'}{x_0'' - x_0'}\, \zeta''(x_0''),$$

$$x_0' < X < x_0''. \tag{2.16}$$

(2.16) ist offenbar gerade die Gleichung der fraglichen Tangente. Außerhalb des Konzentrationsintervalls $x_0' \ldots x_0''$ reicht die Menge einer der beiden Komponenten nicht aus, um beide Phasen zu bilden, (2.10) hat keine realisierbare Lösung.

Das System besteht demnach

im Intervall	aus	mit der molaren freien Enthalpie
$0 \leq X \leq x_0'$	der Phase $'$	$\zeta'(X)$ mit $X = x'$
$x_0' < X < x_0''$	den Phasen $'$ und $''$	(2.16),
$x_0'' \leq X \leq 1$	der Phase $''$	$\zeta''(X)$ mit $X = x''$.

2.4.   Phasenregel

Auch über die Anzahl der Phasen Φ, die in einem System aus K Komponenten[1]) miteinander im Gleichgewicht

---

[1]) Im Hinblick auf die in 1.1 erwähnten Verhältnisse im System mit Baufehlern sei noch auf folgende allgemeinere Darstellung von WIND hingewiesen. Danach ist $K = C - R$ die Zahl der unabhängigen Stoffmengenveränderlichen, C die Zahl der gesondert dem System zuführbaren Einheiten (z. B. Baueinheiten im Sinne von 1.1) und R die Zahl der einschränkenden Bedingungen. Folgt man der Komponenten-Definition für gestörte Kristalle nach 1.1, dann ist deren Zahl C und $R = 0$ für vollständiges Nichtgleichgewicht bzw. R gleich der Zahl der zum Gleichgewicht führenden Reaktionen im Falle vollständigen Gleichgewichts, oder R gleich einem Zwischenwert, der wiederum gleich der Zahl der Reaktionen im Falle partiellen Gleichgewichts ist. Wenn C sich auf Baueinheiten bezieht, sind strukturbedingte Beschränkungen automatisch erfüllt. Derartig gewählten Komponenten kann ein thermodynamisches Potential zugeschrieben werden.

Die Phasenregel (2.17) behält aber auch ihre Form, wenn unter C die Zahl der Strukturelemente verstanden wird und R die Summe der Reaktionen- und der (dann noch) zu erfüllenden strukturellen Bedingungen ist. Diesen Größen kann nur ein virtuelles thermodynamisches Potential zugeordnet werden. Strukturelemente besitzen daher die Eigenschaft von Quasi-Komponenten (KRÖGER, STIELTJES, VINK).

existieren können, läßt sich aus thermodynamischen Erwägungen eine Aussage ableiten. Wir vergleichen dazu die
Anzahl der Bedingungen für das Gleichgewicht $K(\Phi - 1)$
(vgl. (2.3)) mit der Anzahl der Variablen, die den Zustand
des Systems festlegen. Nach den Ausführungen von 1.2
handelt es sich bei letzteren um $\Phi(K - 1) + 2$ Variable,
etwa durch p, T und $x_k^{(\varphi)}$ unter Beachtung von (1.3)
realisiert. Die Zahl Z der frei verfügbaren Variablen[1]
ergibt sich als Differenz

$$Z = \Phi(K - 1) + 2 - K(\Phi - 1) = K - \Phi + 2. \qquad (2.17)$$

(2.17) wird als GIBBSsche Phasenregel bezeichnet (GIBBS
1876). Sie gilt in dieser Form bei Ausschluß von chemischen Reaktionen und äußeren Kräften. Wenn z. B.
Oberflächenspannungen in einem System mit disperser
flüssiger Phase zu berücksichtigen sind, wächst die Zahl Z
der Freiheitsgrade um 1

$$Z = K - \Phi + 3. \qquad (2.18)$$

Andererseits kann sich Z auch gegenüber (2.17) vermindern, wenn einer der Parameter keinen wesentlichen
Einfluß auf das Gleichgewicht hat. Kondensierte Systeme[2] sind ein Beispiel hierfür. Der Druck p der Gasphase beeinflußt die Zusammensetzung dann praktisch
nicht. Man hat

$$Z = K - \Phi + 1. \qquad (2.19)$$

Im Fall $Z = 0$ heißt das System nonvariant. Jede Änderung einer Zustandsgröße verändert auch die Zahl der
koexistierenden Phasen. Bei $Z = 1$ ist das System monovariant. Ein Parameter kann dann ohne gleichzeitige
Änderung der Phasenanzahl variiert werden usw.

---

[1] Auch als Zahl der Freiheitsgrade bezeichnet. Sie gibt die Zahl der intensiven
Variablen an, die unabhängig voneinander geändert werden können, ohne
daß eine Phase des Systems verschwindet oder eine neue entsteht.

[2] Systeme, in denen die Dampfdrücke der anwesenden festen und flüssigen
Phasen vernachlässigbar oder klein im Vergleich zum äußeren Druck sind.
Der Druck kann dann als konstant angesehen werden.

2.5. *Phasendiagramm*

Darstellungen der Existenzbereiche aller Phasen eines Systems (unter Gleichgewichtsbedingungen) in Abhängigkeit von den Parametern p, T, X_k[1]) heißen Phasengleichgewichts-, Phasen- oder Zustandsdiagramm. Je nach Zahl der Komponenten $K = 1, 2, \ldots$ ist das Diagramm 2-, 3-, ... dimensional[2]). Für quantitative Betrachtungen sind zweidimensionale Darstellungen (d. h. ggf. ebene Schnitte) erwünscht. Das bisher vorliegende experimentelle Material ist in verschiedenen Sammelwerken (meist alphabetisch nach den Komponenten geordnet) zusammengestellt, von denen die folgenden genannt seien: AGEEVA et al.; BARTH; BOWEN; EITEL; ELLIOTT; HANSEN, ANDERKO; KINGERY; LEVIN et al.; MASING; Metals Handbook; Mineraly; MOFFATT; OSBORN, MUAN; SHUNK; SMITHELLS; TURNER, VERHOOGEN; VOL; WAHLSTROM.

Dem Diagramm lassen sich folgende Informationen entnehmen: 1. die Zahl der Phasen im System, 2. die Existenzbereiche p, T, X_k dieser Phasen, 3. die Phasenzusammensetzung $x_k^{(\varphi)}$, 4. die Mengenverhältnisse der Phasen in Mehrphasenbereichen, 5. die Bezeichnung der

---

[1]) Im Sinne der Ausführungen unter 1.3 wird gelegentlich anstelle einer der beiden erstgenannten Variablen auch das Volumen V verwendet. Bei einkomponentigen Systemen ist $X_k = 1$. Man beachte jedoch, daß die Existenzgrenzen von Phasen nur dann einfach interpretierbar sind, wenn sie sich als Projektionen von Schnittlinien ergeben, die ihrerseits von Flächen thermodynamischer Potentiale nach Tab. 2.1 erzeugt werden. Z. B. schneiden sich Flächen konstanter Enthalpie $H(p, T)$ im $H - p - T$-Raum bei Phasengleichgewicht i. allg. nicht (vgl. 2.1).

[2]) Entsprechend der Definition der Komponenten (vgl. 1.1) können auch Teile eines K-Komponentensystems als unabhängiges K-Komponentensystem behandelt werden, nämlich dann, wenn es Substanzen gibt, die Komponenten des Untersystems sind (Beispiel: der Ausschnitt $CaO \cdot 2Al_2O_3 - CaO \cdot Al_2O_3$ im System $CaO - Al_2O_3$). Dagegen bezeichnet man Teile eines ternären, quaternären usw. Systems als pseudobinär, pseudoternär usw., wenn sie kein echtes Untersystem in obigem Sinne darstellen (z. B. der Ausschnitt $V_3Si - V_3Al$ im System $Al - Si - V$).

Phasen. Ohne weitere Erläuterung in einer Legende geht aus der Phasenbezeichnung deren wichtigstes Charakteristikum, die atomare Struktur, jedoch nicht hervor. Die Mehrzahl der Darstellungen enthält eine derartige Ergänzung.

Aus den Existenzbereichen folgt unmittelbar eine Angabe p, T, X_k über Umwandlungen einer Phase in eine benachbarte unter Gleichgewichtsbedingungen. Das betrifft sowohl Phasenumwandlungen erster[1] (z. B. Schmelzen, Sieden, allotrope Umwandlungen) als auch zweiter Art[2] (z. B. Ordnung-Unordnung, ferro-paramagnetisch, normal-supraleitend). Angaben über Umwandlungswärmen lassen sich aus dem Diagramm ableiten (vgl. z. B. 4.1.1.5). Im übrigen verlaufen viele Umwandlungen in praxi fern von Gleichgewichtsbedingungen. Insofern ist Vorsicht bei der Interpretation geboten. Die Grundlagen der Berechnung von Linien im Phasendiagramm werden in Kap. 2.9. zusammengestellt.

Wir erläutern die Angaben an einem Beispiel eines binären Systems aus HANSEN-ANDERKO (Abb. 2.2). 1. Das System enthält in diesem isobaren T-X-Schnitt 3 Einphasenfelder, die mit „α", „β" bezeichnet sind und deren drittes die Fläche oberhalb der mit „(L)" bezeichneten Linie bedeckt. Bei X-T-Phasendiagrammen metallischer Legierungen gilt die Vereinbarung, daß die bei höchsten Temperaturen dargestellte Phase die Schmelze ist, die nicht weiter bezeichnet wird. 2. Die ausgezogenen Linien grenzen die Einphasenfelder gegen unbezeichnete Zweiphasenfelder ab.

3. Der untere Teil des Diagramms ist das Koexistenzfeld von α- und β-Phase. Deren Zusammensetzungen $x^{(\alpha)}$ und $x^{(\beta)}$ bei einer bestimmten Temperatur liest man an den Schnittpunkten der (gestrichelten) Horizontalen $T = \text{const}$ (z. B. $\approx 680\,°\text{C}$) mit den Phasengrenzen ab (z. B. $x^{(\alpha)} \approx 8$ At.-% Cu, $x^{(\beta)} \approx 97$ At.-% Cu). 4. Nach (2.14) ist bei einer Systemzusammen-

---

[1] Gekennzeichnet durch sprunghafte Änderung folgender erster Ableitungen von G: $\partial(G/T)/\partial(1/T) = H$, $(\partial G/\partial p)_T = V$, $(\partial G/\partial T)_p = -S$.

[2] Erste Ableitungen von G ändern sich kontinuierlich, zweite dagegen sprunghaft: $(\mathrm{d}V/\mathrm{d}p)_T = -\beta V$, $(\mathrm{d}H/\mathrm{d}T)_p = C_p$, $(\mathrm{d}S/\mathrm{d}T)_p = C_p/T$.

setzung von $X \approx 25$ At.-% Cu mit einem Mengenverhältnis $N^{(\alpha)}/N^{(\beta)} \approx (97-25)/(25-8) \approx 4{,}2{:}1$ zu rechnen. 5. Die sich hinter den Bezeichnungen α und β verbergende Kristallstruktur läßt sich in diesem Beispiel aus den (bekannten, vgl. z. B. PAUFLER, LEUSCHNER) Strukturen der Elemente entnehmen,

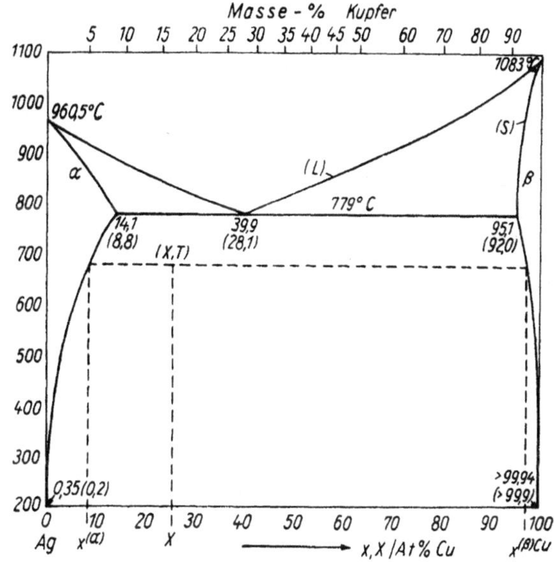

Abb. 2.2. T-X-Phasendiagramm des Systems Ag−Cu ($p = 10^5$ Pa) nach HANSEN-ANDERKO. (Ordinate T in °C)

denn beide Existenzbereiche umfassen die reinen Komponenten ($X = 0$ und $X = 1$) mit. Beide Elemente kristallisieren im Cu-Typ. Damit handelt es sich in beiden Fällen um Mischkristalle dieses Strukturtyps. Über die Strukturen von Schmelzen liegen bislang noch keine vergleichbaren Zusammenstellungen vor, so daß (auch nur in Einzelfällen) auf Spezialliteratur zu verweisen ist (s. z. B. WILSON 1965; MARCH; TAKEUCHI; SKRYSHEVSKIJ).

Nach dieser ersten Übersicht werden wir uns in den folgenden Teilen näher mit den Erscheinungsformen der Phasendiagramme, geordnet nach der Zahl der Komponenten, befassen.

2.6.   *Zustandsgleichungen*

Phasendiagramme enthalten Stabilitätsgrenzen von Phasen. Zusammenhänge der Form (1.1) sind dagegen i. allg. nicht direkt dem Diagramm zu entnehmen.[1] Diese Zustandsgleichungen werden gewöhnlich in analytischer Form angegeben, um unübersichtliche Diagramme zu vermeiden. Bisher erscheint es jedoch wenig aussichtsreich, eine allgemein gültige Zustandsgleichung für die vielfältigen Zustandsformen der Materie zu finden. Nur ideale Gase bilden unter irdischen Bedingungen eine Ausnahme.[2]

Für die Anwendung auf Festkörper werden Zustandsgleichungen auf der Basis halbempirischer Theorien verwendet (vgl. z. B. KNOPOFF; SLATER; MIGAULT). Eine oft gebrauchte ist die MIE-GRÜNEISEN-Gleichung

$$p - p_0 = \frac{\gamma}{V}\,(U - U_0),\,^{3)} \tag{2.20}$$

wobei $\quad p_0 = p(T = 0) = -(\partial U_0/\partial V)_T\,^{4)}\quad$ und $\quad U_0 = U(T = 0)$ und innere Energie des Systems beim absoluten Nullpunkt bedeuten. Die innere Energie U ist temperaturabhängig. Mit Hilfsmitteln der statistischen Mechanik (vgl. z. B. GIRIFALCO) läßt sich diese Temperaturabhän-

---

[1] Wie in Kap. 3 näher ausgeführt, handelt es sich selbst bei einkomponentigen Systemen um die Projektion von Raumkurven $p - V - T$ in die Ebene. Die dritte Veränderliche ist längs der Projektion i. allg. nicht konstant. Mitunter werden Kurven längs derer die dritte Variable konstant gehalten ist, zusätzlich in das Phasendiagramm eingetragen (s. z. B. Abb. 3.6).

[2] Für diese gilt bekanntlich $p = Nk_BT/V$ unabhängig von deren chemischer Natur.

[3] Der Beitrag der Leitungselektronen ist hierbei vernachlässigt worden. Er kann durch zusätzliche Summanden und eine GRUNEISEN-Konstante für Elektronen berücksichtigt werden (vgl. ALTSHULER).

[4] Wir beschränken uns auf den Fall hydrostatischer Kompression. Andere elastische Moduln als die mit dem Kompressionsmodul verknüpften werden nicht benötigt. Kriecherscheinungen werden vernachlässigt. Im Fall eines allgemeinen Spannungszustandes sind alle Komponenten des Spannungs- und Verzerrungstensors zu berücksichtigen (vgl. PAUFLER, SCHULZE).

gigkeit wegen $p = -(\partial F/\partial V)_T$ aus der Differentiation der freien Energie nach dem Volumen gewinnen, was auf

$$p = p_0 + \gamma \frac{k_\mathrm{B}T}{V} \sum_{j=1}^{3N} \left(\frac{h\nu_j}{k_\mathrm{B}T}\right) \frac{\mathrm{e}^{-h\nu_j/k_\mathrm{B}T}}{(1 - \mathrm{e}^{-h\nu_j/k_\mathrm{B}T})} \qquad (2.21)$$

führt.

Hierbei ist $\gamma_j = -(\mathrm{d}\ln\nu_j/\mathrm{d}\ln V)$ eine nach GRÜN-EISEN benannte positive Konstante, wobei wir annehmen, daß alle γ_j gleich sind: $\gamma_j = \gamma$; ν_j ist die Eigenfrequenz

Tabelle 2.2

GRÜNEISEN-Konstanten

Substanz	γ	Substanz	γ
Ag	2,4	Na	1,14
Al	2,34	Si	0,44
Au	3,0	Se	0,67
Co	2,1	S	3,1
Cu	2,0	W	1,8
Ge	0,72		

der Wärmeschwingungen zum Zustand j im System von $3N$ harmonischen Oszillatoren. γ ist demnach ein Maß für die Zunahme der Schwingungsfrequenzen bei Verkleinerung des Kristallvolumens. Mit anderen einfachen Meßgrößen steht γ über die GRÜNEISEN-Gleichung

$$\frac{3\alpha}{\chi} = \frac{\gamma C_v N}{V} \qquad (2.22)$$

in Verbindung (χ isotherme Kompressibilität, vgl. (3.1); $3\alpha = \beta = (1/V)\,(\partial V/\partial T)_p$ thermischer Ausdehnungskoeffizient, $C_v = -TN^{-1}(\partial^2 F/\partial T^2)_v$ Wärmekapazität bei konstantem Volumen). Dadurch kann γ als experimentell bestimmbarer Parameter angesehen werden. (Zahlenangaben vgl. Tab. 2.2), der sich im wesentlichen als temperaturunabhängig, aber als abhängig vom Volumen erweist.

Im Rahmen der DEBYEschen Theorie[1]) läßt sich die Summe (2.21) durch ein Integral bis zu einer Grenzfrequenz $\nu_D \equiv k_B\theta_D/h$ ersetzen (θ_D DEBYE-Temperatur). Damit erhält man anstelle von (2.20)

$$p = p_0 + \frac{3Nk_B\theta_D\gamma}{V}\,D(x_D) \qquad (2.23)$$

mit der DEBYE-Funktion $D(x_D) = (3/x_D^4) \int_0^{x_D} (x^3/[e^x - 1])\,dx$ und $x_D \equiv \theta_D/T$.

Die Grenzfälle hoher und niedriger Temperaturen lassen sich explizit angeben:

$$p = p_0 + \frac{3Nk_BT\gamma}{V}\left[1 - 3\,\frac{\theta_D}{T} + \frac{1}{20}\left(\frac{\theta_D}{T}\right)^2\right] \quad (T \gg \theta_D)$$
$$(2.24)$$

und

$$p = p_0 + \frac{3Nk_BT\gamma}{V}\left(\frac{T}{\theta_D}\right)^4\left[\frac{\pi^4}{5} - 3\left(\frac{\theta_D}{T}\right)^3 e^{-\theta_D/T}\right] \quad (T \ll \theta_D).$$
$$(2.25)$$

Weiterhin ist dann $\gamma = -(d\ln\theta_D/d\ln V)$. (Zahlenwerte von θ_D s. Tab. 2.3).

Im Gegensatz zum Gas behält der Festkörper beim Druck $p = 0$ ein endliches Volumen $V^{(0)}$ als Folge der in p_0 enthaltenen Bindungskräfte.

Sehr oft werden auch rein empirisch gewonnene Zustandsgleichungen verwendet, die als Potenzreihen gegeben sein können, wie beispielsweise

$$V = V_0\big(1 + a_0(T) + a_1(T)\,p + a_2(T)\,p^2 + \ldots\big). \qquad (2.26)$$

Bei $p = 0$ ist $V = V^{(0)} = V_0[1 + a_0(T)]$. Weiterhin gilt $\beta = [1/(1 + a_0)]\,(da_0/dT) \approx (da_0/dT)$, $\chi = a_1/(1 + a_0) \approx a_1$. Der Koeffizient a_2 ist ein Maß für die Druckabhängigkeit der Kompressibilität, denn man hat nach (2.26)

$$\frac{V_0(1 + a_0) - V}{V_0(1 + a_0)} = -\frac{a_1 p}{1 + a_0} + \frac{a_2}{1 + a_0}\,p^2 \quad (2.27)$$

---

[1]) S. z. B. GIRIFALCO.

Tabelle 2.3

DEBYE-Temperaturen einiger Festkörper

Substanz	θ_D/K	Substanz	θ_D/K
Ar	85	Ga	240
Ag	215	Ge	360
Al	394	K	100
As	285	Mg	318
Au	170	Ni	375
B	1250	Pb	88
Be	1000	Pt	230
Bi	120	Si	625
C (Diamant)	1860	Ta	225
Ca	230	V	390
Cd	120	W	310
Cu	315	Zn	234
Fe	420		

für die relative Volumenänderung, Tab. 2.4 enthält Zahlenbeispiele. Eine Zusammenstellung für zahlreiche Elemente geben VAIDYA, KENNEDY. Auch für $p(T)$ und $V(T)$ werden Reihenentwicklungen zur Darstellung experimenteller Befunde verwendet. Für Einzelheiten sei auf SLATER (1939) verwiesen.

Tabelle 2.4

Koeffizienten der Zustandsgleichung (2.27) (nach VAIDYA, KENNEDY)

Element	$\dfrac{-a_1/(1+a_0)}{10^{-12}\ \mathrm{Pa}^{-1}}$	$\dfrac{-a_2/(1+a_0)}{10^{-22}\ \mathrm{Pa}^{-2}}$
Si	10,2	2,9
S	103,5	276
W	3,5	1,1
Sb	23,5	9,8
I	114	338
Co	6,0	2,6
Ag	9,0	2,3
Fe	5,8	1,5
Cu	6,6	1,1
Ba	105,7	152,2

2.7.   *Metastabilität*

Die Bildung einer Phase aus einer zweiten erfolgt i. allg. so, daß in der Umgebung einer Phasengrenze eine bestimmte Phase auch noch im Existenzfeld einer benachbarten auftreten kann. Auf die Ursachen gehen wir in Kapitel 8 ein. Die Phase mit der höheren molaren freien Enthalpie heißt metastabil bezüglich der thermodynamisch stabilen Phase mit niedrigerem ζ-Wert unter gleichen Bedingungen von Druck und Temperatur. Sie erfüllt weiterhin alle Beziehungen, die sie auch in ihrem eigenen Existenzfeld des Gleichgewichts-Phasendiagramms befolgt hatte; daher auch die Bezeichnung metastabiles Gleichgewicht.

Der Dampfdruck der stabilen Phase ist bei $T = \text{const.}$ stets niedriger als der der metastabilen. Abb. 3.4 enthält metastabile Fortsetzungen von Phasengrenzen. Die Linie $B'B$ in Abb. 3.1 (a) läßt sich als stabile Fortsetzung einer bei niedrigen Drücken metastabilen Grenze auffassen (punktiert).

2.8.   *Reaktionsgleichgewicht*

Bisher war Konstanz der Teilchenzahl vorausgesetzt worden. (vgl. z. B. 2.1) Nun soll diese Beschränkung fallen gelassen und chemische Reaktion berücksichtigt werden. Eine Reaktion kann symbolisch durch

$$\sum_{i=1}^{q} v_i I_i \; \rightleftarrows \; \sum_{j=r}^{t} v_j J_j \qquad (2.28)$$

beschrieben werden, wobei hier v_i, v_j die umgesetzten Teilchenmengen der Reaktionspartner I_i (Ausgangssubstanzen) und J_j (Endprodukte) bedeuten. Die umgesetzte Teilchenzahl $dN_k^{(\varphi)}$ ist der Molzahl v_k proportional, d. h., man hat

$$dN_k^{(\varphi)} = v_k \, d\xi \qquad (2.29)$$

mit $d\xi$ als kleiner Zahl. Aus (2.2) wird damit

$$\sum_{\varphi} \sum_{i} \nu_i \mu_i^{(\varphi)} = \sum_{\varphi} \sum_{j} \nu_j \mu_j^{(\varphi)}. \tag{2.30}$$

In $\mu_i^{(\varphi)}$ ist ein konzentrationsunabhängiger Anteil $\mu_k^{(0)}$ enthalten (vgl. (1.23) oder (4.3)), der als Standardwert der freien Reaktionsenthalpie $\Delta G^0 \equiv \sum_{\varphi} \sum_{j} \nu_j \mu_j^{(0)} - \sum_{\varphi} \sum_{i} \nu_i \mu_i^{(0)}$ von der übrigen Summe getrennt werden kann. Damit erhält man aus (2.30)

$$\frac{a_r^{\nu_r} a_{r+1}^{\nu_{r+1}} \ldots a_t^{\nu_t}}{a_1^{\nu_1} a_2^{\nu_2} \ldots a_q^{\nu_q}} = e^{-\frac{\Delta G^0}{N k_B T}} = K_p \tag{2.31}$$

mit K_p als Massenwirkungskonstante. Auf der linken Seite von (2.31) steht im Zähler das Produkt der Aktivitäten von Reaktionspartnern der rechten Seite in (2.28), im Nenner das der linken Seite.

Für die Diskussion heterogener Gleichgewichte ist die Temperaturabhängigkeit von K_p von Bedeutung. Aus (2.31) folgt

$$\frac{d \ln K_p}{dT} = \frac{\Delta H^0}{N k_B T^2} \tag{2.32}$$

mit ΔH^0 als Reaktionsenthalpie. Integration zwischen zwei Temperaturen T und T'' bei festgehaltenem Druck liefert

$$\ln \frac{K_p'}{K_p} = -\frac{\Delta H^0}{N k_B} \left(\frac{1}{T'} - \frac{1}{T} \right). \tag{2.33}$$

2.9. *Systemveränderungen bei bestehendem Zweiphasengleichgewicht*

Wir stellen nun noch die Bedingungen zusammen, unter denen zwei Phasen 1 und 2 miteinander im Gleichgewicht stehen können, selbst wenn Zustandsgrößen geändert werden. Aus diesen Bedingungen lassen sich die Linien des Phasendiagramms berechnen (vgl. hierzu auch SCHOTTKY, ULICH, WAGNER).

2.9.1.   *Einkomponentensysteme*

Es liege ein monovariantes Gleichgewicht vor (vgl. 2.4), d. h. durch Vorgabe des Wertes einer Variablen ist das Gleichgewicht vollständig bestimmt. Wählen wir p und T als Variable, dann folgt die Verknüpfung eines Koexistenzpunktes mit einem um $\mathrm{d}p$ und $\mathrm{d}T$ benachbarten aus der Bedingung $\mathrm{d}\mu^{(1)}(p, T) = \mathrm{d}\mu^{(2)}(p, T)$ an die chemischen Potentiale der beteiligten Phasen. Mit (1.12) und (1.15) erhält man die CLAUSIUS-CLAPEYRON-Gleichung

$$\frac{\mathrm{d}p}{\mathrm{d}T} = \frac{s^{(2)} - s^{(1)}}{v^{(2)} - v^{(1)}} = \frac{\Delta H^{(12)}}{T\Delta V} \qquad (2.34)$$

mit $\Delta H^{(12)}$ bzw. ΔV als der beim Phasenübergang beobachteten Enthalpieänderung (reversibel) bzw. Volumenänderung sowie $S/N \equiv s$ bzw. $V/N \equiv v$ als molaren Entropien bzw. Volumina. (2.34) ist auf jeden Phasenübergang erster Art (vgl. 2.5) in einkomponentigen Systemen anwendbar, also z. B. auf Verdampfen, Schmelzen und Sublimieren (vgl. 3.1). Die Gleichung bestimmt den Anstieg der Phasengrenze im p-T-Diagramm, die als Projektion der Schnittkurve zweier $G(p, T)$-Flächen im G, p, T-Raum auf die p-T-Ebene entsteht.

Beim Verdampfen ist $\Delta V = V^{(\mathrm{Dampf})} - V^{(\mathrm{Kond.Phase})} \approx V^{(\mathrm{Dampf})}$, so daß unter der Voraussetzung idealen Gasverhaltens $pV = Nk_BT$ aus (2.34) $\mathrm{d}p/p = \Delta H^{(\mathrm{Dampf\text{-}Kond.Phase})}\, \mathrm{d}T/Nk_BT^2$ oder nach Integration ($\Delta H^{(\mathrm{D-K})}$ sei temperaturunabhängig) für die Temperaturabhängigkeit des Dampfdrucks

$$\ln p = -\frac{\Delta H^{(\mathrm{D-K})}}{Nk_BT} + \mathrm{const} \qquad (2.35)$$

folgt (experimentelle Werte s. Abb. 3.3).

Werden T und v als Variable gewählt, müssen benachbarte Koexistenzpunkte durch $\mathrm{d}p^{(1)} = \mathrm{d}p^{(2)}$ und $\mathrm{d}\mu^{(1)} = \mathrm{d}\mu^{(2)}$ verknüpft sein. Man erhält für die beiden

Phasen[1])

$$\frac{\mathrm{d}\,V^{(i)}}{\mathrm{d}T} = \left(\frac{\partial V^{(i)}}{\partial T}\right)_p + \frac{\Delta H^{(ij)}}{T\Delta V}\left(\frac{\partial V^{(i)}}{\partial p}\right)_T \quad (i = 1, 2)\,. \quad (2.36)$$

Unter den gleichen Voraussetzungen, wie sie für (2.35) gemacht wurden, ist dann in ausreichender Entfernung vom kritischen Punkt

$$\frac{\mathrm{d}\,V^{(\mathrm{Dampf})}}{\mathrm{d}T} = \frac{V^{(\mathrm{Dampf})}}{T}\left(1 - \frac{\Delta H^{(\mathrm{D-K})}}{Nk_BT}\right). \quad (2.37)$$

2.9.2. *Zweikomponentensysteme*

In dem einfachen Fall $K = 2$ und $\Phi = 2$ lassen sich leicht zu 2.9.1. analoge Überlegungen anstellen, aus denen die Differentialgleichungen der Koexistenzlinien im Phasendiagramm folgen.

Wählen wir zur Darstellung die T-X-Ebene, dann muß (2.3) längs derartiger Linien erfüllt sein, also $\mathrm{d}\mu_1^{(1)} = \mathrm{d}\mu_1^{(2)}$ und $\mathrm{d}\mu_2^{(1)} = \mathrm{d}\mu_2^{(2)}$ gelten. Entwickeln dieser Differentiale nach $\mathrm{d}T$, $\mathrm{d}p$, $\mathrm{d}x^{(1)}$ und $\mathrm{d}x^{(2)}$ führt auf

$$-\frac{\Delta H_k^{(12)}}{T}\,\mathrm{d}T + \Delta V_k\,\mathrm{d}p - x_k^{(2)}\,\frac{\partial^2\zeta^{(2)}}{\partial x^{(2)2}}\,\mathrm{d}x_k^{(2)}$$

$$+ x_k^{(1)}\cdot\frac{\partial^2\zeta^{(1)}}{\partial x^{(1)2}}\,\mathrm{d}x_k^{(1)} = 0 \quad (k = 1, 2). \quad (2.38)$$

Bleibt der Druck konstant und wird eines der beiden Differentiale $\mathrm{d}x^{(i)}$ eliminiert, so erhält man nach SCHOTTKY, ULICH, WAGNER

$$\left(\frac{\mathrm{d}x^{(i)}}{\mathrm{d}T}\right)_p = -\frac{(1 - x^{(i)})\,\Delta H_1^{(ij)} + x^{(j)}\Delta H_2^{(ij)}}{(x^{(j)} - x^{(i)})\cdot T\cdot(\partial^2\zeta^{(i)}/\partial^2 x^{(i)2})} \quad (2.39)$$

$$(i \neq j;\, i, j = 1, 2),$$

---

[1]) Vgl. SCHOTTKY, ULICH, WAGNER, S. 504.

wobei $\Delta H_k^{(ij)}$ die reversiblen Wärmen bedeuten, die zur Überführung der Komponente k aus der Phase i in die koexistierende Phase j erforderlich sind, und $x^{(i)}$ ist der Mengenanteil der Komponente B in der Phase i im Gleichgewicht mit der Phase j.

Schließt man instabile Systeme (vgl. 2.2) aus, dann ist $\partial^2\zeta/\partial x^2 = -\partial\mu_1/\partial x + \partial\mu_2/\partial x > 0$ und daher der Anstieg von Koexistenzlinien (2.38) im Phasendiagramm durch die Vorzeichen der Wärmetönungen $\Delta H_k^{(ij)}$ und des Faktors $(x^{(j)} - x^{(i)})$ bestimmt.[1]

In der X-p-Darstellung folgt mit $\mathrm{d}T = 0$ in (2.38)

$$\left(\frac{\mathrm{d}x_k^{(i)}}{\mathrm{d}p}\right)_T = \frac{x^{(j)}(v_k^{(j)} - v_k^{(i)}) + (1 - x_k^{(j)})(v_e^{(j)} - v_e^{(i)})}{(x_k^{(j)} - x_k^{(i)}) \cdot (\partial^2\zeta^{(j)}/\partial x_k^{(i)2})},$$

$$i, j = 1, 2, \quad i \neq j,$$

$$k, e = 1, 2, \quad k \neq e, \tag{2.40}$$

für die Änderungen der Phasenzusammensetzungen $x_k^{(i)}$ mit dem Dampfdruck.

Speziell wachsen $\mathrm{d}x^{(i)}/\mathrm{d}p$ über alle Grenzen, wenn $x^{(i)} = x^{(j)}$, also beide Phasen gleiche Zusammensetzungen haben. Falls die $\Delta H_k^{(12)}$ und $v^{(2)} - v^{(1)} > 0$ sind, entspricht einem Minimum im p-X-Diagramm ein Maximum im T-X-Diagramm und umgekehrt (Satz von KONOWALOW-GIBBS).

Schließlich wird der Verlauf der Koexistenzgrenzen in der p-T-Ebene durch $\mathrm{d}x^{(1)} = 0$ in (2.38) bestimmt:

$$\left(\frac{\mathrm{d}p}{\mathrm{d}T}\right)_{x^{(1)}} = \frac{x^{(2)}\Delta H_2^{(12)} + (1 - x^{(2)})\,\Delta H_1^{(12)}}{T[x^{(2)}\Delta V_2 + (1 - x^{(2)})\,\Delta V_1]}. \tag{2.41}$$

Dabei ändert sich i. allg. die Zusammensetzung der anderen Phase (2) entsprechend

$$\left(\frac{\mathrm{d}x^{(2)}}{\mathrm{d}T}\right)_{x^{(1)}} = \frac{1}{\dfrac{\partial^2\zeta^{(2)}}{\partial x^{(2)2}}} \cdot \frac{\Delta V_1(s_2^{(2)} - s_2^{(1)}) - \Delta V_2(s_1^{(2)} - s_1^{(1)})}{x^{(2)}\Delta V_2 + (1 - x^{(2)})\,\Delta V_1} \tag{2.42}$$

---

[1] $\Delta H_k^{(12)} > 0$, wenn dem System zugeführt.

Wegen der Behandlung von Systemen mit $\Phi, K > 2$ muß auf SCHOTTKY, ULICH, WAGNER verwiesen werden.

Die Gleichungen (2.39) bis (2.41) ermöglichen grundsätzlich die vollständige Berechnung der Koexistenzkurven des Phasendiagramms nach Ausführung der notwendigen Integration. Dazu müssen die Umwandlungswärmen, freien Enthalpien und Volumenänderungen beim Übergang von der einen in die andere beteiligte Phase als Funktion von x, T und p bekannt sein. Praktisch ist das oft nicht der Fall. Man ist zu Näherungsverfahren genötigt. In Kap. 4 werden wir einige Beispiele anführen.

3. Phasendiagramme einkomponentiger Systeme

Die Phasenzusammensetzung ist in Einkomponentensystemen keine unabhängig veränderliche Variable. Das heißt nicht, daß in jedem Falle sämtliche auftretenden Phasen die gleiche chemische Zusammensetzung aufweisen.[1]) Als die beiden unabhängigen Variablen werden 2 von p, T, V, (ϱ) gewählt. Über (1.1) läßt sich dann die fehlende Größe berechnen.

Nach (2.17) können maximal 3 Phasen miteinander im Gleichgewicht existieren, was gelegentlich als Kennzeichen für das Einkomponentensystem angesehen wird.

Obwohl prinzipiell alle drei Aggregatzustände in einem Diagramm auftreten können, werden häufig aus experimentellen Gründen nur Ausschnitte publiziert. Wir wollen im folgenden anhand konkreter Beispiele auf festkörperphysikalisch interessante Aussagen derartiger Diagramme aufmerksam machen.

---

[1]) Zum Beispiel kann Joddampf im Gleichgewicht mit kristallinem Jod sowohl ein- als auch zweiatomig auftreten (vgl. z. B. KOGAN). Genau genommen enthalten außerdem alle realen Systeme Verunreinigungen durch andere Komponenten. Deren Verteilung in den verschiedenen Phasen kann unterschiedlich sein.

3.1.   *p-T-Diagramme*

Abb. 3.1. enthält den Grundtyp eines *p-T*-Diagrammes. Es treten nur Einphasenfelder auf, die der festen, flüssigen und dampfförmigen[1]) Phase entsprechen. Sie sind

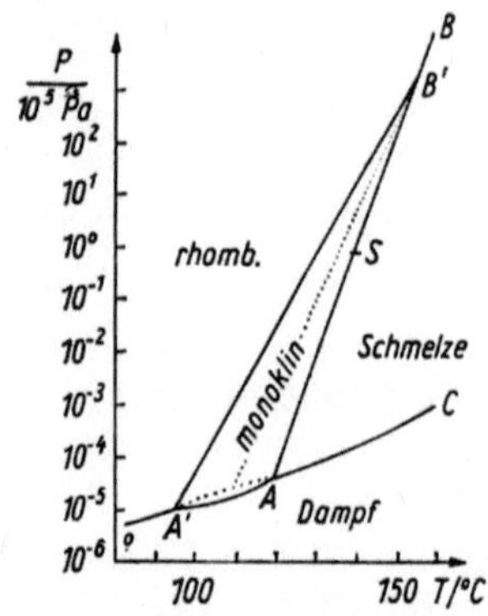

Abb. 3.1 (a). Phasendiagramm von Schwefel. Neben zwei festen Phasen (rhombisches und monoklines Kristallsystem) werden Schmelze und Dampf im Gleichgewicht beobachtet. *A'* ist der Umwandlungspunkt von rhombischem in monoklinen Schwefel beim Dampfdruck des ersteren. *A* ist der Schmelzpunkt beim Dampfdruck des monoklinen und *B'* derjenige des rhombischen im Gleichgewicht mit monoklinem Schwefel. *S* gibt die gewöhnlich für Festkörper tabellierte Schmelztemperatur an (Temperatur, bei der der Dampfdruck über der festen Phase 101 325 Pa beträgt) (nach GASKELL). Punktierte Linien vgl. 2.7.

durch Zweiphasenlinien voneinander getrennt. Im einzelnen bedeuten:

OA Sublimations(druck)kurve, *AB* Schmelz(druck)kurve, *AC* Siedekurve (auch Dampfdruckkurve). In den Punkten *A'*, *A* und *B'* liegen 3 Phasen im nonvarianten Gleichgewicht nebeneinander vor (Tripelpunkte, vgl.

---

[1]) Als Dämpfe bezeichnet man in der allgemeinen Thermodynamik Gase nahe der Kondensation. In Feststoffsystemen ist das gewöhnlich der Fall.

(2.17)). Als normale Schmelztemperatur bezeichnet man den Punkt $p = 101\,325$ Pa auf der Kurve AB, deren Anstieg $\Delta H_s/T\Delta V$ in diesem Punkte beträgt. Entsprechend liegt der Siedepunkt T_v auf AC bei dem gleichen Druck.

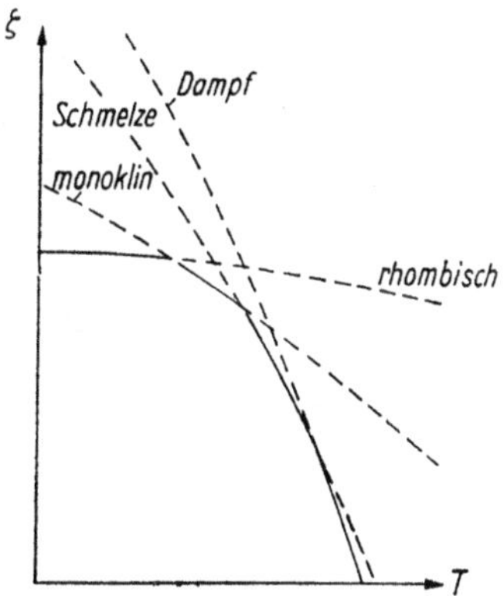

Abb. 3.1 (b). Schematische Darstellung des Verlaufs der molaren freien Enthalpie ζ von Schwefel in Abhängigkeit von der Temperatur bei einem Druck, der zwischen $\approx 4 \cdot 10^{+0}$ und 10^{3} Pa liegt. Mit (1.12) und (2.7) ist der Verlauf der Isobaren durch $(\mathrm{d}\zeta/\mathrm{d}T)_p = -s$ und $(\mathrm{d}^2\zeta/\mathrm{d}T^2)_p = -(\mathrm{d}s/\mathrm{d}T)_p = -C_p/T$ gegeben, wo C_p die molare Wärmekapazität und s die molare Entropie bedeuten.

Der Anstieg der Phasengrenzlinien hängt nach (2.34) von der Volumenänderung ΔV beim Phasenübergang ab. Die Neigung der Schmelzkurve kann sogar ihr Vorzeichen wechseln. Festkörper mit metallischer Bindung zeigen Werte $\Delta V > 0$ beim Schmelzen, Halbleiter weisen oft $\Delta V < 0$ auf. Zahlenbeispiele enthält Tab. 3.1. In Abb. 3.1 ist $\Delta V/\Delta T > 0$ und $\mathrm{d}T/\mathrm{d}p > 0$. Das negative Vorzeichen ist in Abb. 3.2 und 3.4 realisiert. Im kristallinen Zustand nehmen hier die Atome größeren Raum ein als im flüssigen. Druckerhöhung erniedrigt die Schmelztemperatur.[1]

---

[1] Die Volumenänderung und damit die Schmelzpunktänderung ist jedoch deutlich kleiner als längs der Siedekurve.

Tabelle 3.1

Volumenänderung beim Schmelzen

Substanz	$\dfrac{V/V_{\text{fest}}}{\%}$	Substanz	$\dfrac{V/V_{\text{fest}}}{\%}$
Ag	5,4	Bi_2Te_3	3,3
Al	6,9	H_2O (Eis VI)	7,0
Ar	15,4	KCl	17,4
Au	5,5	LiF	29,4
Bi	−3,4	$MgCu_2$	3,0
Co	5,7	$MgZn_2$	4,8
Cu	4,4	NaCl	25,0
δ-Fe	3,6	Sb_2Se_4	0,0
Ga	−3,2		
Ge	−5,1		
H_2	12,2		
Hg	3,6		
Mg	4,1		
Na	2,6		
Pb	3,7		
S (rh.)	5,5		
Sb	−0,95		
Si	−10,0		

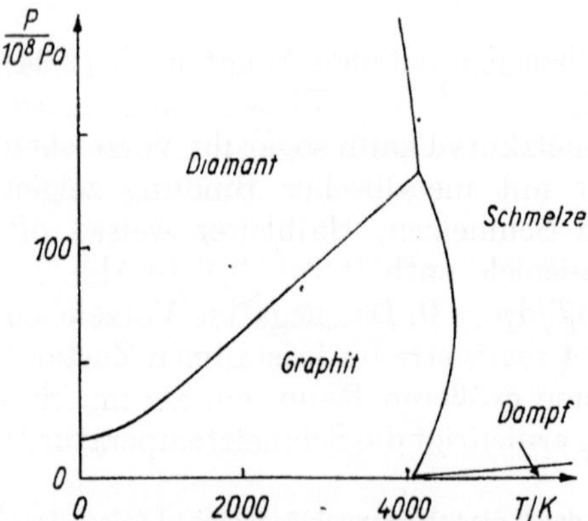

Abb. 3.2. Phasendiagramm von Kohlenstoff (nach BUNDY).

Verdampfung geht stets mit Volumenzuwachs einher, so daß die zugehörigen Kurvenäste auch immer eine Neigung $\mathrm{d}T/\mathrm{d}p > 0$ besitzen.

Der Kurvenanstieg der Phasengrenzen wird weiterhin von der Umwandlungswärme beim Überschreiten der Grenze bestimmt. Da die Sublimationswärme ΔH_{Subl} (Bindungsenergie des Festkörpers) in der Nähe des Tripelpunktes wegen $\Delta H_{\mathrm{Subl}} = \Delta H_s + \Delta H_v$ stets größer als die Verdampfungswärme der Schmelze ΔH_v ist, die Volumenänderungen beim Sieden und Sublimieren aber etwa gleichgroß sind, ist der Anstieg $\mathrm{d}T/\mathrm{d}p$ der Siedekurve größer als der der Sublimationskurve. Für Zahlenbeispiele vgl. Tab. 3.2.

Die Kurve $OA'A$ in Abb. 3.1 gibt die Bedingungen an, unter denen sich der kristalline Zustand mit seinem gesättigten Dampf im Gleichgewicht befindet. Abweichungen nach oben führen zu Sublimation (Kondensation des Dampfes), nach unten zu Verdampfung.[1]) Wird das Volumen V des Systems z. B. isotherm verringert, dann bewegt sich der Zustandspunkt auf einer Parallelen zur p-Achse nach oben, wobei eine Zustandsgleichung der Form

$$\chi = -\frac{1}{V}\left(\frac{\mathrm{d}V}{\mathrm{d}p}\right)_T \tag{3.1}$$

mit χ als Volumenkompressibilität gilt (Zahlenwerte vgl. PAUFLER, SCHULZE). Nach Integration erhält man hieraus

$$\ln\frac{V_2}{V_1} = -\chi(p_2 - p_1) \tag{3.2}$$

für die resultierende isotherme Druckänderung.

Im Punkte A beginnt beim Erhitzen unter dem eigenen Dampfdruck der Kristall zu schmelzen. Temperatur und Druck steigen erst nach dem Verschwinden der festen Phase weiter an längs AC. Diese Dampfdruckkurve[2])

---

[1]) Für $T \to 0$ geht auch der Dampfdruck $p \to 0$.

[2]) Auch Dampfspannungskurve.

der Schmelze gibt die Parameter p, T des Gleichgewichts zwischen Schmelze und gesättigtem Dampf an. Dampfdruckkurven einiger Elemente sind in Abb. 3.3 zusammengestellt.

Tabelle 3.2

Umwandlungswärmen beim Schmelzen ΔH_s und Verdampfen ΔH_v[1])

Substanz	ΔH_s/k J mol^{-1}	ΔH_v/k J mol^{-1}	T_s/°C	T_v/°C
Ag	11,3	252	961,93	2210
Al	11,3	251	660,1	2480
As	27,8	148	814 (3,5 MPa)	616 (subl.)
Au	12,8	344	1064,43	2600
B	22,2	590	2100—2200	2550 (subl.)
Be	11,7	309	1284	2970
Bi	10,9	172	271,3	1560
C (Graph.)	138	715	> 3550	4200
Cd	6,40	100	320,9	765
Co	16,2	425	1495	2900
Cu	13,0	307	1083	2600
Fe	14,4	341	1534	3000
Ga	5,59	257	29,8	1983
Ge	32	328	937	2700
Hg	2,3	59,2	−38,87	357
In	3,27	232	156,4	2000
Mg	8,8	128	649	1103
Mn	13,4	225	1243	2097
Nb	26,8	696	2468	5127
Ni	16,9	374	1453	2900
Pb	4,81	178	327,4	1740
Pt	21,8	469	1769	4300
Sb	20,8	154	630,5	1635
Se	37,7	90,0	217	685
Si	50,6	304	1412	2477
Sn	7,08	271	231,9	2270
Te	35,0	108	450	1390
Zn	7,29	115	419,58	907

[1]) Für Abschätzungen der Entropieänderungen beim Schmelzen ΔS_s und Verdampfen ΔS_v sind erfahrungsgemäß die RICHARDS-Regel $\Delta S_s = \Delta H_s/T_s \approx (8-17)\,\text{JK}^{-1}$ und die TROUTON-Regel $\Delta S_v = \Delta H_v/T_s \approx 88\,\text{JK}^{-1}$ brauchbar.

Die Verlängerung der Dampfdruckkurve des Kristalls weist in das Existenzgebiet der Schmelze und umgekehrt. Sie bezeichnet einen instabilen Zustand. Der stabilere Zustand ist bei derselben Temperatur derjenige mit dem niedrigeren Dampfdruck.

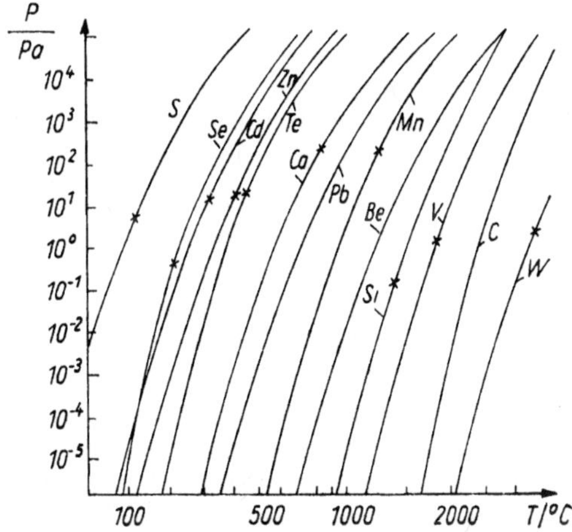

Abb. 3.3. Sättigungsdampfdrücke einiger Elemente in Abhängigkeit von der Temperatur. $\times$ bezeichnet die zugehörige Schmelztemperatur bei Atmosphärendruck. Die Siedetemperatur bei Atmosphärendruck $\approx 10^5\,\mathrm{Pa}$ findet man als Schnittpunkt der Dampfdruckkurve mit der Isobare am Kopf des Diagramms.

Die Parameter p und T der Schmelzkurve AB in Abb. 3.1 geben Druck und Temperatur des Zweiphasengemenges Kristall-Schmelze im Gleichgewichtszustand an.[1] Abweichungen von AB lösen vollständiges Schmelzen oder Kristallisieren aus.

Der Wert des Druckes am Tripelpunkt A ist von praktischer Bedeutung für das Sublimationsverhalten eines Festkörpers. Liegt er wesentlich unter Atmosphären-

---

[1] Entsprechend beziehen sich Druckangaben in Systemen mit mehreren festen Phasen auf deren Spannungszustand (hydrostatischer Anteil), denn es steht hier kein Raum für den Dampf zur Verfügung.

druck ($p \approx 10^5$ Pa), kann der Festkörper unter atmosphärischen Bedingungen nicht flüssig werden. Er sublimiert. Ein derartiges Verhalten weisen z. B. As (633 °C), C (3917 °C), CO_2 (−78,52 °C) und ZnS (∼1100 °C) auf. (Sublimationstemperaturen in Klammern). Als normalen Sublimationspunkt bezeichnet man wiederum den Punkt $p = 101\,325$ Pa auf der Sublimationskurve.

Der Punkt C (der Endpunkt der Verdampfungskurve) in Abb. 3.1 heißt kritischer Punkt. Er zeichnet sich dadurch aus, daß die Molvolumina von flüssiger und gasförmiger Phase sowie andere strukturabhängige Eigenschaften gleich sind. In diesem Punkt verschwindet der Unterschied zwischen beiden Phasen. Wegen

$$\left(\frac{\partial p}{\partial V}\right)_{T=T_{\mathrm{kr}}} = 0 \quad \text{und} \quad \left(\frac{\partial T}{\partial V}\right)_{p=p_{\mathrm{kr}}} = 0 \qquad (3.3)$$

treten in der Umgebung des kritischen Punktes starke Schwankungen der Teilchenzahldichte auf, die isotherme Kompressibilität und die Wärmekapazität C_p divergieren und zahlreiche andere makroskopische Eigenschaften zeigen ungewöhnliches Verhalten (vgl. z. B. FISHER).

Der kritische Zustand tritt auch in anderen Zweiphasensystemen auf, wobei die koexistierenden Phasen qualitativ ähnlich sein müssen. Das trifft z. B. auf zwei isotrope Phasen (Schmelze-Schmelze, Schmelze-Dampf, Gas-Gas) oder zwei kristalline Phasen mit gleichem Strukturtyp zu.

Eine für die Kristallzüchtung wichtige Anwendung ist die Hydrothermalsynthese. Unter Normalbedingungen schwer lösliche Substanzen lösen sich in Wasser oberhalb des kritischen Punktes besser.

Einen analogen Punkt enthält die Schmelzkurve nicht. Zahlenwerte der kritischen Parameter sind in Tab. 3.3 zusammengestellt.

Die Vielfalt der Phasendiagramm-Formen wird durch die Existenz mehrerer kristalliner Phasen erheblich ge-

Tabelle 3.3

Kritische Temperaturen T_{kr} und kritische Drücke p_{kr}
einiger Komponenten

Substanz	T_{kr}/K	p_{kr}/MPa
Hg	1 763	151
Na	2 573	27,5
K	2 223	15,2
Rb	2 093	15,9
Cs	2 033	11,4
He	5,3	0,23
H_2	33,3	1,3
N_2	126,1	3,4
O_2	153,4	5,04
CO_2	304,2	7,4
NH_3	405,6	11,3
H_2O	647,2	22,0
C_2H_5OH	516,3	6,37
Ne	44,8	2,73
Ar	150,7	4,86
Kr	209,4	5,49
Xe	289,8	5,88

steigert. Zahlreiche Elemente weisen bereits mehrere
feste Modifikationen auf (vgl. PAUFLER, LEUSCHNER), für
Verbindungen gilt dies in erhöhtem Maße (Beispiel H_2O,
Abb. 3.4).

Untersuchungen des Phasendiagramms werden oft
unter Schutzgas ausgeführt, das in den kondensierten
Phasen praktisch unlöslich ist und mit der Dampfphase
nicht reagiert. Unter diesen Bedingungen liegt kein echtes
Zweikomponentensystem vor.

Das Schutzgas hat lediglich eine Erhöhung des Drucks dp_k
auf die kondensierte Phase zur Folge. Diese wiederum löst eine
Dampfdruckänderung der Hauptkomponente dp_v aus. Bei
konstanter Temperatur müssen die zugehörigen Änderungen der
freien Enthalpie gleich sein:

$$V_k \, dp_k = V_v \, dp_v. \tag{3.4}$$

Wegen $V_k/V_v \ll 1$ sind die zu erwartenden Erhöhungen des
Partialdrucks der Dampfphase dp_v infolge einer Zunahme des

Gesamtdrucks der kondensierten Phase dp_k jedoch klein. Die Sublimations- und Siedekurven (nicht die Schmelzkurve, da daran keine Dampfphase beteiligt) werden durch Schutzgaseinwirkung nach höheren Drücken verschoben.

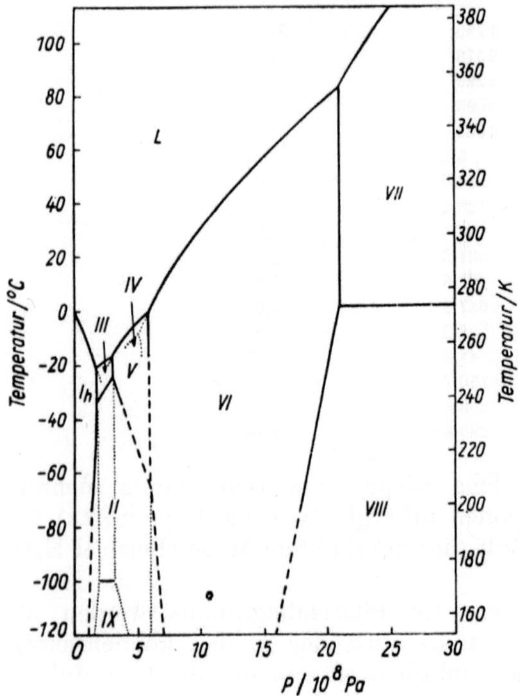

Abb. 3.4. Phasendiagramm von H_2O. Die gestrichelten Linien geben bisher noch nicht ausreichend gesicherte Phasengrenzen an. Punktiert wurden metastabile Fortsetzungen einer Phasengrenze. Die Struktur der einzelnen Phasen ist nach bisherigen Untersuchungen durch folgende Angaben charakterisiert:

I_h hexagonal *P6₃/mmc*, 4 Mol./Elementarzelle; I_c kubisch *Fd3m*, 8 Mol./E. Z. Phase metastabil bis hinab zu −120°C; *II* rhomboedrisch $R\bar{3}$, 12 Mol./E. Z.; *III (IX)* tetragonal $P4_12_12$, 12 Mol./E. Z., *IV* unbestimmt; *V* monoklin *A 2/a*; *VI* tetragonal *P4₂/nmc*, 10 Mol./E. Z.; *VII (VIII)* kubisch *Pn3m*, 2 Mol./E. Z. (nach FLETCHER) *L* flüssige Phase.

Tröpfchenförmige flüssige Phasen machen es meist notwendig, den Beitrag der Oberflächenspannung γ_{OF} zur freien Enthalpie zu berücksichtigen. Der Dampfdruck p_2 über einem Tropfen vom Radius r ist gegenüber dem einer ebenen Phasengrenzfläche p_1 gemäß

$$\ln\left(\frac{p_2}{p_1}\right) = \frac{2\gamma_{\mathrm{OF}}V}{rNk_{\mathrm{B}}T} \tag{3.5}$$

erhöht.

3.2. V-T- und ϱ-T-Diagramme

Zustandsänderungen bei konstantem Volumen V (geschlossenes Gefäß) lassen sich besser als am p-T-Diagramm an einer Darstellung des Volumens $V(T)$ oder der Massen- bzw. Teilchendichte $\varrho(T)$ erörtern. Abb. 3.5 enthält ein Beispiel. Liegt das Gefäßvolumen $V_1 \sim \varrho_1^{-1}$ bei einer bestimmten Temperatur $T_1 < T_{\mathrm{kr}}$ zwischen den beiden Kurvenästen, dann hat man Dampfphase (D) und Schmelze (S) im Volumenverhältnis $V_{\mathrm{D}}/V_{\mathrm{S}} = \varrho_{\mathrm{S}}/\varrho_{\mathrm{D}} = a{:}b$ (s. Abb. 3.5) nebeneinander vorliegen. Wird im p-T-Diagramm eine Phasengrenze (Koexistenzgebiet zweier Phasen) überschritten, ändert sich das Volumen nach (2.34) sprunghaft. In der Darstellung V-T oder ϱ-T werden die Koexistenzlinien zu Koexistenzfeldern aufgelöst (vgl. auch PELTON, SCHMALZRIED).

Beim Lesen des Diagramms ist zu beachten, daß die gezeichneten Kurven Projektionen des Verlaufs im p-V-T-Raum auf die V-T- bzw. ϱ-T-Ebene darstellen, sich daher längs dieser Linien i. allg. der Druck ändert (vgl. (2.36)). Solange sich der Zustandspunkt in Abb. 3.5 im Zweiphasengebiet bewegt (z. B. isochore Erwärmung), läuft er im p-T-Diagramm entlang der Siedekurve. Sobald nur noch eine Phase vorliegt, weicht der Zustandsweg im p-T-Diagramm jedoch in das Dampf- oder Schmelz-Gebiet von der Siedekurve ab.

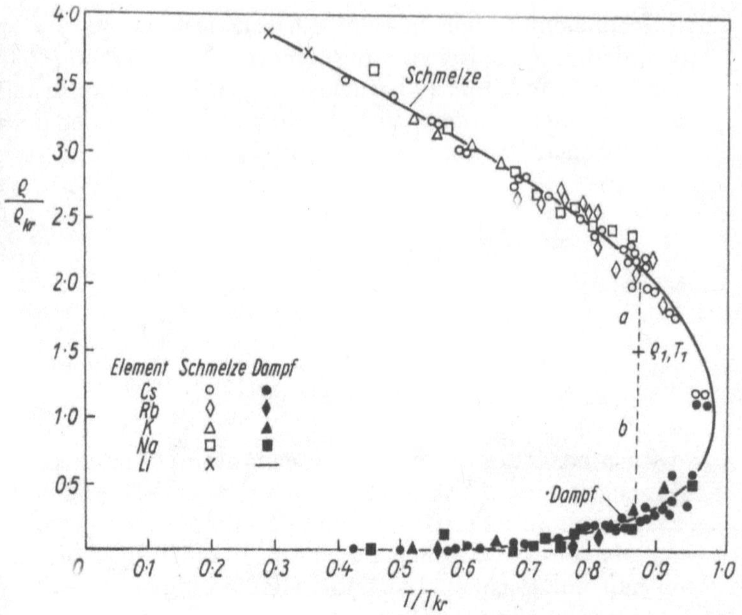

Abb. 3.5. ϱ-T-Diagramm von gesättigter Schmelze und gesättigtem Dampf
der Alkalimetalle. Die Koordinaten sind auf die kritische Dichte ϱ_{k}
und die kritische Temperatur T_{kr} bezogen (nach DILLON et al.).
Der Zustand ϱ_1, T_1 ist zweiphasig, wobei $\varrho_1 = [b/(a + b)]\,\varrho_s + [a/
(a + b)]\,\varrho_D$ ist und ϱ_s bzw. ϱ_D die Dichten von Schmelze bzw. Dampf
bei $T = T_1$ bedeuten.

3.3.   p-V-Diagramme

Eine im Bereich der Untersuchung fester Werkstoffe
weniger übliche Darstellung von Phasenexistenzfeldern
ist das p-V-Diagramm. Abb. 3.6 gibt ein Beispiel. Auch
hier werden Phasengrenzen des p-T-Diagramms zu
Koexistenzfeldern, und zwar sehr ausgedehnten ange-
sichts der bedeutenden Volumenänderung, die den
Phasenübergang fest-gasförmig begleitet. Die Darstellung
gestattet die geleistete Arbeit unmittelbar abzulesen, die
mit einer Zustandsänderung verknüpft ist.

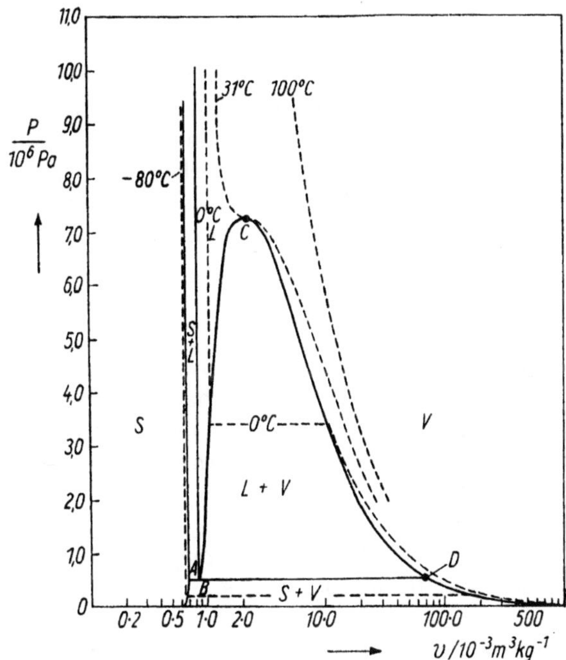

Abb. 3.6. *p-V*-Diagramm von CO_2. *CD* heißt Tau- oder Kondensationslinie,
BC Siedelinie. Die Existenzfelder von fester, flüssiger und gasförmiger
Phase sind mit *S*, *L* und *V* bezeichnet. Die aus der Zustandsgleichung
berechneten Isothermen für ausgewählte Temperaturen sind gestrichelt eingetragen. Oberhalb der Isotherme für die kritische Temperatur
(31 °C) verschwindet der Unterschied zwischen Flüssigkeit und Dampf
(vgl. 3.1). In der technischen Thermodynamik bezeichnet man den
Zustand *L + V* als Naßdampf. Die Phasengrenzen im Gebiet *S + L*
wurden nur bis zu Drücken von ca. 10⁷ Pa bestimmt. Auf der Abszisse
ist das Volumen *V* auf die Masse *m* des Systems bezogen (nach KING).

4. Phasendiagramme zweikomponentiger Systeme

In diesem Falle werden die drei Variablen p, T und X
zur eindeutigen Zustandsbeschreibung benötigt. Die
Abhängigkeit von der chemischen Zusammensetzung X

steht meist im Vordergrund des Interesses. Deshalb überwiegen T-X-Projektionen mit p als Parameter, die wir daher zunächst betrachten werden. Die Druckabhängigkeit der zuerst gründlich untersuchten metallischen Legierungen erwies sich darüberhinaus als schwach. Erst das verstärkte Interesse an Halbleiterwerkstoffen lenkte die Aufmerksamkeit auf binäre Systeme mit erheblicher Druckabhängigkeit der Phasengrenzlinien.

4.1.   *T-X-Phasendiagramme*

Nach der Geometrie der Ein- und Zweiphasenfelder lassen sich einige Grundtypen der T-X-Phasendiagramme unterscheiden, denen wir uns der Reihe nach zuwenden wollen. Auch komplexere Diagramme kann man in diese Grundtypen zerlegen.

4.1.1.   *Vollständige Mischbarkeit der Komponenten im festen und flüssigen Zustand*

4.1.1.1. *Geometrie des Diagramms*

Zunächst seien Systeme behandelt, in denen der Einfluß der Dampfphase auf das Gleichgewicht vernachlässigt werden kann.[1]) Abb. 4.1 zeigt ein Beispiel. Weitere zweikomponentige Diagramme mit prinzipiell gleicher Geometrie bilden die in Tab. 4.1 zusammengefaßten Beispiele.

Jeder Punkt in Abb. 4.1 ist durch die Koordinaten $X_B \equiv X$ und T festgelegt.[2]) Er heißt Zustandspunkt des

---

[1]) Dies ist der Fall bei kleinem Dampfdruck und wenn die maximale Schmelztemperatur des Systems unterhalb der niedrigsten Siedetemperatur T_V liegt. Derartige Diagramme zeichnet man gewöhnlich nur für Temperaturen $< T_V$. Nach (2.19) können maximal 3 Phasen miteinander im Gleichgewicht stehen. Man stelle sich das System in einem Zylinder eingeschlossen vor. Auf die Oberfläche der festen oder flüssigen Phase wirkt ein Kolben, der einen konstanten Druck im System aufrecht erhält. Raum für eine Gasphase ist in diesem Falle nicht verfügbar.

[2]) Linien mit $T =$ const heißen Isotherme, mit $X =$ const Isoplethe.

binären Systems $A - B$. Befindet sich dieser in einem
Einphasenfeld, stimmt nach (1.3B) die Konzentration
X_B des Systems mit der der Phase x_B^φ überein. In einem
Zweiphasenfeld $L - \alpha$ bestimmt der Schnittpunkt der

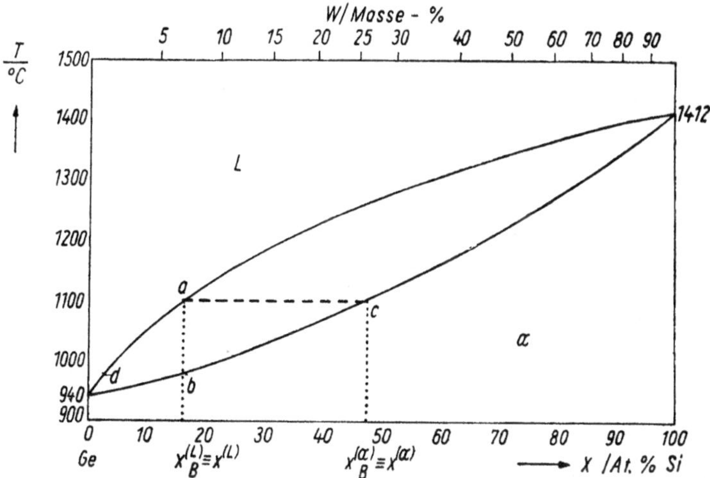

Abb. 4.1. Phasendiagramm vollständiger Mischbarkeit der Komponenten Ge
und Si (nach HANSEN, ANDERKO). Als Beispiel ist die Konode bei
$T = 1100\,°\mathrm{C}$ eingetragen. Zwischen den beiden Phasengrenzlinien
erstreckt sich das Zweiphasenfeld von flüssiger (L) und fester Phase
(α). Die Mengenanteile der Komponente B in den Phasen L bzw. α
betragen bei $1100\,°\mathrm{C}$ x_B^L bzw. x_B^α. Zur Bedeutung der übrigen
Bezeichnungen vgl. 4.1.1.3.

Konode mit den Grenzen dieses Feldes die Phasenzustandspunkte x_B^L und x_B^α. Konode nennt man die Verbindungslinie zweier im Gleichgewicht miteinander stehender
Phasenzustandspunkte.[1])

Die im System Abb. 4.1 vorhandenen Einphasenfelder
sind das Schmelzphasenfeld L (oft unbezeichnet, vgl. 2.5)

---

[1]) Sie entspricht in diesem Diagramm einer Isotherme. Wir hatten davon bei
der Erläuterung von Abb. 2.2 schon Gebrauch gemacht (gestrichelte Horizontale).

Tabelle 4.1

Binäre und pseudobinäre Systeme mit vollständiger Mischbarkeit im festen und flüssigen Zustand[1]) (vorwiegend nach HANSEN, ANDERKO; ELLIOTT; SHUNK; LEVIN et al.)

Ag − Au	AgBr − LiBr
Ag − Pd	AgBr − NaBr
Au − Pd	$AsBr_3 − SbBr_3$
Bi − Sb	
Cu − Ni	$CdCl_2 − MgCl_2$
Ge − Si	KCl − KCN
Mo − Nb	KCl − TlCl
Mo − Ta	$2\,FeO \cdot SiO_2 − 2\,MgO \cdot SiO_2$
Mo − V	$2\,CaO \cdot Al_2O_3 \cdot SiO_2 − 2\,CaO \cdot MgO \cdot 2\,SiO_2$
Nb − Ta	GaAs − GaP
Nb − V	GaAs − GaSb
Nb − W	GaAs − InAs
Os − Re	
Os − Ru	InAs − InP
Re − Ru	$Bi_2Te_3 − Bi_2Se_3$
Ta − W	$Bi_2Te_3 − Sb_2Te_3$
CoO − MgO	
MgO − NiO	

[1]) Komponenten mit allotropen Modifikationen scheiden als Partner aus. Die bisherige Erfahrung beruht überwiegend auf Untersuchungen der Phasendiagramme bei hohen Temperaturen. Sorgfältige Tieftemperaturexperimente könnten den Kreis der Systeme vollständiger Mischbarkeit noch weiter einschränken, ebenso wie etwa Änderung des Druckes, der hier bei 10^5 Pa festgehalten wurde.

und das Mischkristallfeld α. Die untere Phasengrenze des Schmelzphasenfeldes nennt man Liquiduslinie, die obere fester Phase (hier der Mischkristallphase) Soliduslinie, sofern die Liquiduslinie gegenüber liegt.

Weiterhin tritt ein Zweiphasenfeld auf, in dem diejenigen beiden Phasen koexistieren, deren Einphasenfelder das Zweiphasenfeld bei der betrachteten Temperatur rechts und links begrenzen. In Abb. 4.1 sind dies die Phasen L und α. Ihr Mengenanteil an dem Zweiphasengemisch wird durch (2.14) bestimmt (vgl. auch 2.5).

Die Liquiduslinie (Soliduslinie) stellt demnach gleichzeitig die Temperaturabhängigkeit der Löslichkeitsgrenze der flüssigen (festen) Phasen dar. In (2.39) sei $1 \equiv L$ und $2 \equiv \alpha$ und somit $\Delta H^{(12)} < 0$ gesetzt. Dann wird das Vorzeichen von $\mathrm{d}x^{(L)}/\mathrm{d}T$ und $\mathrm{d}x^{(\alpha)}/\mathrm{d}T$ durch das von $x^{(\alpha)} - x^{(L)}$ bestimmt, ist also in Übereinstimmung mit Abb. 4.1 in beiden Fällen positiv.

4.1.1.2. *Thermische Analyse*

Methodische Einzelheiten gehören nicht zum Gegenstand dieses Buches. Ein Hinweis auf den Ablauf von Anheiz- und Abkühlungsvorgängen (d. h. auf die Grundlagen der thermischen Analyse) soll aber dennoch an dieser Stelle gegeben werden, läßt er doch das Phasendiagramm besser verstehen.

Dem System mit der Wärmekapazität C werde die Wärmemenge Q zugeführt (falls entzogen, dann $Q < 0$) und dabei seine Temperatur T gemessen. Die zeitlichen Änderungen von Q und T sind über $\mathrm{d}Q/\mathrm{d}t = NC\,\mathrm{d}T/\mathrm{d}t$ verknüpft. Bei hohen Temperaturen wird die Wärmemenge vorwiegend durch Strahlung an das System von außen übertragen, d. h., man hat andererseits $\mathrm{d}Q/\mathrm{d}t = k_S \times (T_a{}^4 - T^4)$ nach dem STEFAN-BOLTZMANNschen Gesetz mit $k_S \equiv A\sigma$ für schwarze Strahler (A Strahlerfläche, σ vgl. S. 164) und T_a als Temperatur der Umgebung des Systems. Insgesamt ergibt sich in diesem Falle die Temperaturänderungsgeschwindigkeit zu

$$\frac{\mathrm{d}T}{\mathrm{d}t} = \frac{k_S}{NC}\,(T_a{}^4 - T^4). \qquad (4.1\,\mathrm{a})$$

Wir betrachten nun ein System mit Phasendiagramm vom Typ der Abb. 4.1, das die Phasen 1 (z. B. L) und 2 (z. B. α) enthält. Dann ist für die vom System beim Aufheizen aufgenommene Wärmemenge

$$\mathrm{d}Q = \left(N_1 C_1 + N_2 C_2 + \Delta H^{(12)} \frac{\mathrm{d}N}{\mathrm{d}T} \right) \mathrm{d}T \qquad (4.1\,\mathrm{b})$$

mit der Enthalpieänderung $\Delta H^{(12)}$ beim Phasenübergang $1 \to 2$ zu schreiben. $\mathrm{d}N$ gibt die im Temperaturintervall $\mathrm{d}T$ entstandene Menge der Phase 2 an. Sobald eine zweite Phase auftritt, ändert sich die Wärmeaufnahme des Systems sprunghaft.

Das Zweiphasengemenge verhält sich wie ein System mit einer scheinbaren Wärmekapazität $C \equiv (\mathrm{d}Q/\mathrm{d}T)/(N_1 + N_2) = (N_1 C_1 + N_2 C_2 + \Delta H^{(12)} \,\mathrm{d}N/\mathrm{d}T)/(N_1 + N_2)$ Wenn sich C_1 und C_2 nicht wesentlich unterscheiden, wird die Temperaturabhängigkeit von C im wesentlichen durch den Term $\Delta H^{(12)} \,\mathrm{d}N/\mathrm{d}T$ bestimmt. Dann kann $C = \overline{C} + (\Delta H^{(12)}/N)\,(\mathrm{d}N/\mathrm{d}T)$ gesetzt werden. Aus (4.1a) wird somit (vgl. auch WOODHEAD)

$$\frac{\mathrm{d}T}{\mathrm{d}t} = \frac{k_S}{N\left(\overline{C} + \dfrac{\Delta H^{(12)}}{N}\,\dfrac{\mathrm{d}N}{\mathrm{d}T}\right)}\,(T_a^4 - T^4). \qquad (4.1\,\mathrm{c})$$

Für den einfachen Fall geradliniger Phasengrenzen (Abb. 4.2) läßt sich nach MASING (1941) $\mathrm{d}N/\mathrm{d}T$ in der Form

$$\frac{\mathrm{d}N}{\mathrm{d}T} = \frac{(x_1 - x_0)\,(\mathrm{d}x_2/\mathrm{d}T) + (x_0 - x_2)\,(\mathrm{d}x_1/\mathrm{d}T)}{(x_1 - x_2)^2} \qquad (4.1\,\mathrm{d})$$

angeben. An den Phasengrenzen vereinfacht sich (4.1d) wegen $x_2 = x_0$ (obere) bzw. $x_1 = x_0$ (untere) zu $(\mathrm{d}x_2/\mathrm{d}T)/(x_1 - x_0)$ bzw. $(\mathrm{d}x_1/\mathrm{d}T)/(x_0 - x_2)$. Der Unterschied im Anstieg der Phasengrenzlinien bestimmt unmittelbar den Unterschied in $\mathrm{d}N/\mathrm{d}T$. Der unter diesen Umständen zu erwartende Kurvenverlauf $T(t)$ und die daraus abgeleitete differenzierte Kurve $-\mathrm{d}t/\mathrm{d}T$ sind ebenfalls in Abb. 4.2 enthalten. Man erkennt die Möglichkeiten, daraus auf Phasengrenzen zu schließen (thermische Analyse). Die Nachweisgrenze kann noch dadurch herabgesetzt werden, daß nicht T des Systems, sondern die Temperaturdifferenz zu einem Bezugssystem (ohne Umwandlung) gemessen wird (Differentialthermoanalyse DTA).

4.1.1.3. *Erstarrung eines flüssigen Systems*

Wird eine Schmelze der Zusammensetzung $X = x^L$ hinreichend langsam abgekühlt, dann beginnt bei der dem Punkte a zugeordneten Temperatur der Mischkristall α mit dem Mengenanteil x^α gerade zu kristalli-

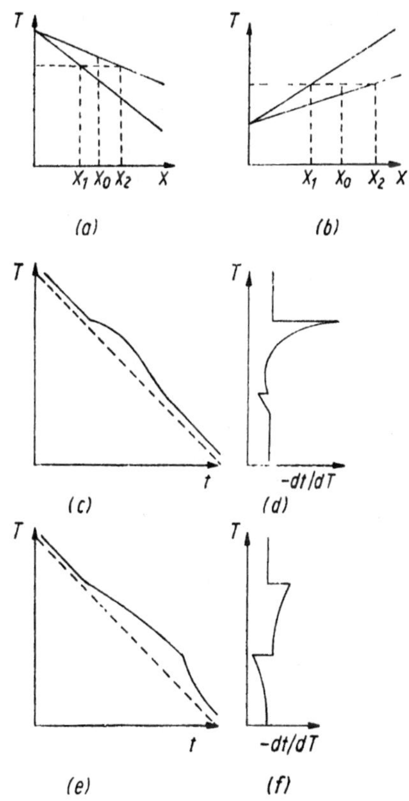

Abb. 4.2. (a, b) Phasendiagramme vom Typ der Abb. 4.1 mit geraden Phasengrenzlinien. (c) Idealisierte Abkühlkurve $T(t)$ und (d) zugehörige reziproke differentielle Änderung $-\mathrm{d}t/\mathrm{d}T$ für das Diagramm (a). (e) und (f) enthalten den (b) entsprechenden Kurvenverlauf (nach WOODHEAD). Die gestrichelten Geraden in (c) und (e) entsprechen einer Abkühlkurve der Umgebung von der Form $T_a(t) = T_0 - \alpha't$. In praxi ist mit Rundungen der Kurven (c) bis (f) zu rechnen.

sieren. Die Schmelze verarmt daher an der Komponente B (in Abb. 4.1 also an Silizium). Im Verlauf der weiteren Abkühlung ändern sich sowohl die Zusammensetzung der Schmelze L als auch der festen Phase α. Ihre Zustandspunkte durchlaufen die Abschnitte $a—d$ längs der Liquidus- bzw. $c—b$ längs der Soliduslinie. Hat der Zustandspunkt des Gesamtsystems b erreicht, dann ist die flüssige Phase vollständig erstarrt (die Phasenmengen im System berechnen sich nach (2.14)). Nur wenn sich das System während des Abkühlvorganges nicht wesentlich vom thermodynamischen Gleichgewicht entfernt, kann sich die chemische Zusammensetzung der festen Phase entlang $c—b$ ändern. Denn jeder Punkt der Soliduslinie bezeichnet den Mengenanteil der Komponente B in der insgesamt vorhandenen festen Phase, was einen Teilchenaustausch (Diffusion) zwischen allen bei höheren Temperaturen schon kristallisierten festen Anteilen voraussetzt.

Der unterschiedliche Mengenanteil der Komponenten in fester und flüssiger Phase im thermodynamischen Gleichgewicht hat für die Herstellung fester Körper mit definierter Zusammensetzung erhebliche Bedeutung. Ein Maß dafür ist der Verteilungskoeffizient

$$k = \frac{x^{\alpha}}{x^{L}}, \tag{4.2a}$$

also das Verhältnis des Mengenanteils von B in der festen Phase α zu dem in der flüssigen x^{L}.

Wir unterscheiden drei ausgezeichnete Werte bzw. Wertebereiche, den Gleichgewichtswert $k = k_0$, den Wert $k = 1$ und den effektiven Verteilungskoeffizienten $k_0 \lessgtr k \lessgtr 1$. B-Komponenten mit $k_0 > 1$ erhöhen die Schmelztemperatur von A (vgl. Abb. 4.2b), solche mit $k_0 < 1$ erniedrigen sie (Abb. 4.2a).

Der dem Phasendiagramm direkt zu entnehmende Gleichgewichtswert k_0 wird praktisch nur näherungsweise erreicht.

Zwischen k und k_0 besteht nach PFANN die Beziehung

$$\frac{k}{k_0} = \frac{1}{k_0 + (1 - k_0) \exp\left[-(\delta_c V_W/D_L)(\varrho_\alpha/\varrho_L)\right]}, \qquad (4.2\,\text{b})$$

mit V_W als Erstarrungsgeschwindigkeit, δ_c als Dicke der Diffusionsschicht an der Grenzfläche flüssig—fest, D_L als Diffusionskoeffizienten der Komponente B[1]) in der flüssigen Phase und ϱ_α/ϱ_L als Verhältnis der Massendichten von fester und flüssiger Phase. Nach (4.2 b) wird also $k = 1$, wenn $V_W \delta_c/D_L$ sehr groß ist, denn ϱ_α/ϱ_L weicht $i.$ allg. nur wenig von 1 ab. Andererseits wird $k = k_0$ nur für kleine Werte von $V_W \delta_c/D_L$.

Ein Erstarrungsvorgang abseits vom Gleichgewicht hat räumliche Schwankungen der chemischen Zusammensetzung in der festen Phase zu Folge (Segregationen). Abb. 4.3 illustriert das in der Umgebung der Grenzfläche fest—flüssig. Für Einzelheiten und die gezielte Anwendung dieses Phänomens sei auf TILLER verwiesen.

4.1.1.4. Ableitung der Form des Phasendiagramms aus der freien Enthalpie

Anhand der bisher angegebenen Bedingungen für das thermodynamische Gleichgewicht eines Systems (2.1a) unter Berücksichtigung von (1.19), (1.17) bzw. (2.7) und (2.8) wollen wir das Zustandekommen der Form des Phasendiagramms erörtern. Da im vorliegenden Falle des Systems vollständiger Mischbarkeit (vgl. 4.1.1.1.) nur zwei Phasen auftreten, gelten bezüglich der molaren freien Enthalpien die Überlegungen von Kap. 2.3.

Jede der beiden Komponenten ist durch ihr chemisches Potential $\mu_A^{(\varphi)}(x)$ bzw. $\mu_B^{(\varphi)}(x)$ gekennzeichnet, das sich infolge der Mischung der Komponenten — etwa verglichen mit dem Zustand der reinen Komponenten —

---

[1]) Wir beziehen uns auf ein System vom Typ der Abb. 4.2, d. h. B spielt die Rolle der in geringer Menge zugeführten Dotierungs- oder Legierungskomponente.

nach (1.23) und (1.25) um

$$\mu_i^{(\varphi)}(x_i^{(\tau)}) - \mu_i^0 = k_B T \ln a_i^{(\varphi)} = k_B T(\ln x_i^{(\varphi)} + \ln f_i^{(\varphi)})\,{}^{1)}$$

$$(4.3)$$

ändert, sehr verdünnte Lösungen vorausgesetzt[2] (vgl. z. B. WAGNER 1940).

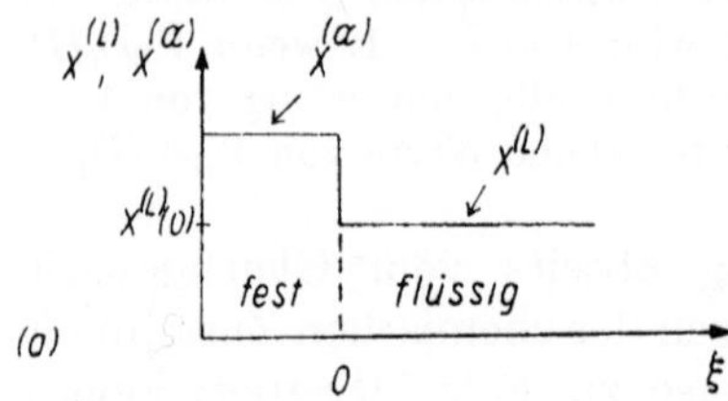

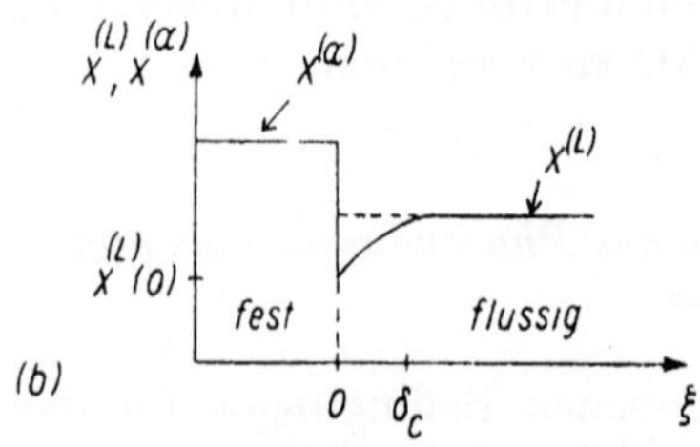

Abb. 4.3. Mengenanteile der Komponente B in flüssiger (L) und fester Phase (α) eines binären Systems mit $k_0 > 1$ an der Grenzfläche fest – flüssig $\xi = 0$ für den Fall guter Durchmischung der Schmelze und vernachlässigbarer Diffusion im Festkörper (a) und für den Fall teilweiser Durchmischung infolge Diffusion und Konvektion (b). ξ ist eine Ortskoordinate senkrecht zur Erstarrungsfront, wo sich eine B-arme Schicht der Dicke δ_c gebildet hat.

Im Grenzfall der idealen Lösung sind die Wechselwirkungskräfte zwischen Teilchen gleicher und unterschiedlicher Sorten gleich. Dann ist $f_i = 1$ zu setzen (vgl. auch 1.4). Bei mäßigem

---

[1] Dabei ist $\bar{a}_i^{(\varphi)}/\bar{a}_i^{(0)} = a_i^{(\varphi)}$ gesetzt worden.

[2] Dann sind die gelösten Teilchen so weit voneinander entfernt, daß nur noch die Wechselwirkung der Teilchen des Lösungsmittels untereinander und mit den gelösten Teilchen berücksichtigt werden muß.

Abweichen sehr verdünnter Lösungen vom idealen Verhalten spricht man nach HILDEBRAND solange von regulären Lösungen, wie für den Anteil der partiellen molaren Entropieänderung in (4.3) noch

$$s_i^{(\varphi)} = -k_B \ln x_i^{(\varphi)} \tag{4.4}$$

annähernd erfüllt ist, während die Änderung der molaren Enthalpie $\Delta[\partial H^{(\varphi)}/\partial N_i^{(\varphi)}] \approx k_B T \ln f_i^{(\varphi)}$ merklich von Null verschieden sein kann.

Jede der beteiligten Phasen weist im vorliegenden Falle die molare freie Enthalpie

$$\zeta(x) = (1 - x)\,[\mu_A^{(0)} + k_B T\,\{\ln(1 - x) + \ln f_A\}]$$

$$+ x[\mu_B^{(0)} + k_B T\,\{\ln x + \ln f_B\}]$$

$$= (1 - x)\,\mu_A^{(0)} + x\mu_B^{(0)} + \zeta^M \tag{4.5}$$

auf, wobei der Phasenindex weggelassen wurde und ζ^M die molare freie Mischungsenthalpie ist.[1] Die Funktion hat einen kettenlinienartigen Verlauf (vgl. Abb. 4.4)[2]. Ihre Absolutwerte interessieren im folgenden nicht, wohl aber der Unterschied $\zeta^{(\alpha)} - \zeta^{(L)}$. Wegen

$$\frac{\partial}{\partial T}\,(\zeta^{(\alpha)} - \zeta^{(L)}) = -s^{(\alpha)} + s^{(L)} \tag{4.6}$$

und des allgemeinen Entropiezuwachses beim Schmelzen $s^{(L)} - s^{(\alpha)} > 0$ nimmt beim Abkühlen des Systems dieser Unterschied ab.

---

[1] ζ^M ist die beim Vermischungsprozeß unter konstantem Druck auftretende isotherme reversible Arbeit. Wegen (1.15) und (2.7) hat die relative integrale molare Mischungsentropie im Falle idealer Lösungen den Wert $s^M = -k_B\{(1 - x)\ln(1 - x) + x\ln x\} = -k_B \sum_i x_i \ln x_i$, d. h., in derartigen Systemen ist $s^M = -\zeta^M/T$ und mithin die relative integrale molare Mischungsentpalhie h^M gleich Null. Die Stabilität idealer Lösungen beruht auf dem Entropiegewinn; Abweichungen vom idealen Verhalten im Rahmen von (4.4) haben $h^M \approx k_B T \sum_i x_i \cdot \ln f_i$ zur Folge.

[2] Denn wegen $\partial\zeta/\partial x = \mu_B^0 - \mu_A^0 + k_B T \ln[f_B x/f_A(1 - x)]$ und $\partial^2\zeta/\partial x^2 = k_B T/x(1 - x)$ verläuft die Kurve an den Rändern sehr steil $(\partial\zeta/\partial x)_{x\to 0} \to -\infty$, $(\partial\zeta/\partial x)_{x\to 1} \to +\infty$ und dazwischen konvex zur Abszisse: $\partial^2\zeta/\partial x^2 > 0$.

Damit kommt das T-X-Diagramm lückenloser Mischbarkeit wie folgt zustande. Bei einer Temperatur T_1 möge $\zeta^{(\alpha)}(x)$ der festen Mischkristallphase für alle x größer als $\zeta^{(L)}(x)$ der Schmelze sein (Abb. 4.5a). Die Isotherme $T = T_1$ des T-X-Diagramms verläuft vollständig im Phasenraum der Schmelze. Im Verlaufe der

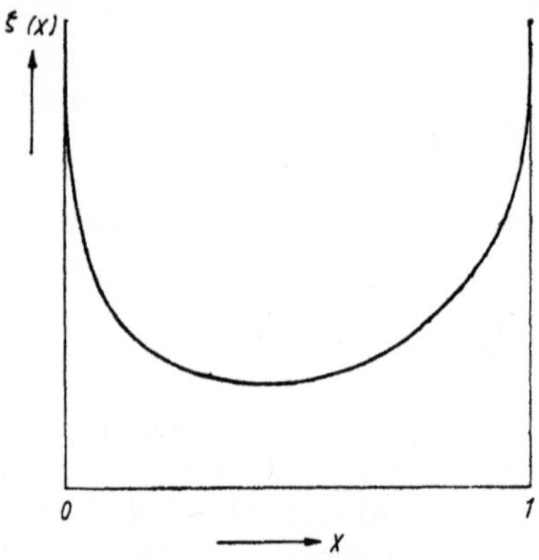

Abb. 4.4. Schematische Darstellung der Abhängigkeit der molaren freien Enthalpie $\zeta(x)$ vom Mengenanteil x der Komponente B im System lückenloser Mischbarkeit $A - B$.

Abkühlung auf $T_2 < T_1$ (vgl. Abb. 4.5b) könnte der Zustand erreicht werden, in dem sich beide Kurven bei $X = 0$ berühren. Dann befindet sich die reine feste Komponente A mit ihrer Schmelze im thermodynamischen Gleichgewicht. Weitere Temperatursenkung $T = T_3 < T_2$ führt zum Schnitt von $\zeta^{(\alpha)}$ mit $\zeta^{(L)}$ (vgl. Abb. 4.5c). Die Situation entspricht der von Abb. 2.1. Ein System der Zusammensetzung $X = 0 \cdots x_3'$ weist bei dieser Temperatur die kleinstmögliche freie Enthalpie auf, wenn es als Mischkristall α vorliegt. Im Intervall $X = x_3'' \cdots 1$ ist offenbar die Schmelze L die thermodynamisch stabile Phase. Dazwischen kann das System nach (2.16) dadurch in einen Zustand noch niedrigerer freier Enthalpie übergehen, daß es ein Gemenge aus den Phasen α und L bildet (vgl. Kap. 2.3.). Schließlich wird über die Zustände T_4 und T_5 ein solcher erreicht, in dem Isothermen des T-X-Diagrammes nur noch im

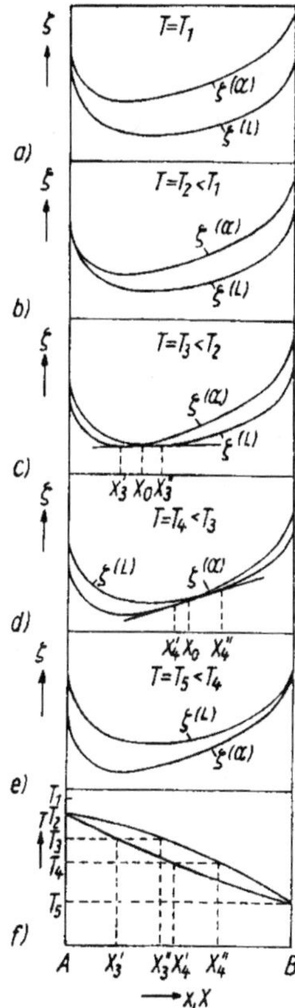

Abb. 4.5. (a)–(e) Temperaturabhängigkeit der relativen Verläufe von $\zeta^{(\alpha)}(x)$ und $\zeta^{(L)}(x)$ bei lückenloser Mischbarkeit im flüssigen und festen Zustand. (f) enthält das zugehörige T-X-Phasendiagramm (nach SCHULZE).

Phasenraum des Mischkristalls verlaufen. Abb. 4.5f enthält die Darstellung des zugehörigen Phasendiagramms.

Abweichungen vom Verlauf der Abb. 4.5f lassen sich auf die gleiche Weise durch veränderten $\zeta(x)$-Verlauf beschreiben. Auffällige Varianten, wie z. B. das System

Cu—Au[1]), wo eine Legierung mit 56,5 At. % Gold wie eine reine Komponente mit Schmelzpunkt erstarrt, ordnen sich so ebenfalls in das bisherige Bild ein (Abb. 4.6),

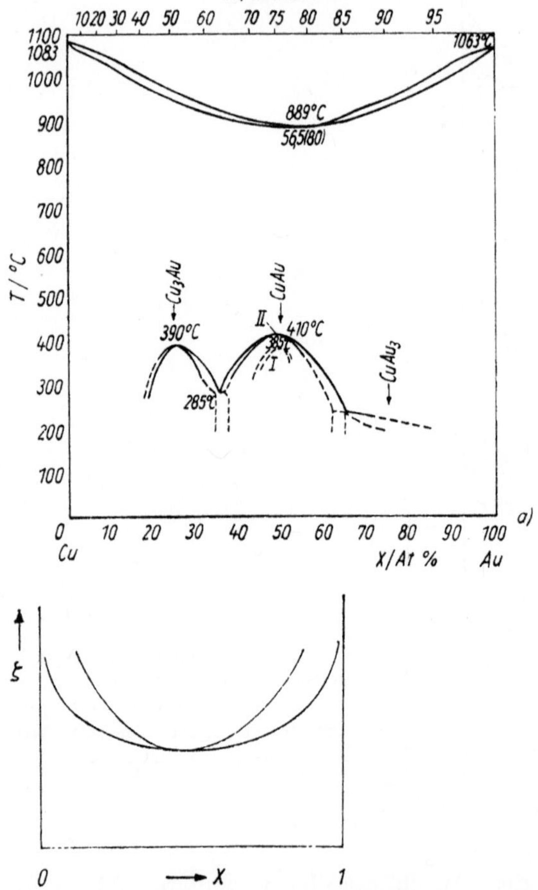

Abb. 4.6. (a) Phasendiagramm Cu—Au (nach HANSEN, ANDERKO). (b) Schematische Darstellung der freien Enthalpien von Schmelze und Kristall.

---

[1]) Dieses System weist bei Temperaturen weit unterhalb der Soliduslinie Ordnungserscheinungen auf, ist also nicht im strengen Sinne lückenlos mischbar. Ähnliches Verhalten liegt bei Fe—Cr vor.

sind als quantitative Variationen des qualitativ gleichen Verhaltens anzusehen.[1]) Allerdings sind quantitative Verhältnisse dieser Art i. allg. ein Zeichen für Mischungslücken unterhalb der Soliduslinie (vgl. 4.1.2).

Im Unterschied zum System von Abb. 2.2 (vgl. 4.1.2) befindet sich in Abb. 4.6 im gesamten Zweiphasenraum flüssig — fest die gleiche kristalline Phase mit der Schmelze im Gleichgewicht. Ein weiterer wichtiger Unterschied zwischen einem System mit Liquiduskurven-Minimum und einem eutektischen System (Abb. 2.2) besteht darin, daß im erstgenannten Liquidus- und Solidus-Linien stetig differenzierbare Funktionen sind, im eutektischen System hingegen sich zwei Liquiduslinien im eutektischen Punkt schneiden. Nach den Ausführungen von 2.7 kann man im Falle der Systeme vom Typ der Abb. 4.6a keine metastabilen Fortsetzungen nach tiefen Temperaturen erwarten.

Eine explizite Darstellung der Koexistenzlinien von Schmelze und Kristall kann man auch durch Integration des Differentialgleichungssystems (2.39) erhalten. Da die Schmelzwärmen $\Delta H_k{}^{(12)}$ i. allg. konzentrationsabhängig sind, müssen diese Funktionen zusätzlich bekannt sein.

Wichtige Einsichten vermittelt jedoch schon jede der Differentialgleichungen (2.39) selbst.

4.1.1.5. *Ableitung aus Eigenschaften der Komponenten*

Oft sind die Schmelzwärmen der Komponenten $\Delta H_A{}^0$ und $\Delta H_B{}^0$ sowie deren Schmelztemperaturen T_{SA} und T_{SB} bekannt, mitunter auch die Aktivitäten. Aus (2.33) lassen sich in diesem Falle zwei Bestimmungsgleichungen für Liquidus- und Soliduslinie eines binären Systems $A - B$ vom Typ der Abb. 4.1 gewinnen, dessen Mischungsverhalten also nur wenig vom idealen abweicht. (2.28)

---

[1]) Eine Mischkristallreihe mit Schmelzpunktmaximum liegt z. B. im System Pb—Tl vor, Minima findet man außer dem angegebenen Beispiel z. B. noch in den Systemen Cs—K, LiBr—LiCl, UO_2—ZrO_2, $CaFeSiO_4$—Fe_2SiO_4.

hat im vorliegenden Fall die Form $A^{(\alpha)} \rightleftarrows A^{(L)}$, $B^{(\alpha)} \rightleftarrows B^{(L)}$. Dann wird aus (2.33)

$$\ln \frac{(1 - x^{(\alpha)})}{(1 - x^{(L)})} = \frac{\Delta H_A^0(T_{SA})}{N_A k_B} \left(\frac{1}{T} - \frac{1}{T_{SA}} \right) - \ln \frac{f_A^{(\alpha)}}{f_A^{(L)}}$$

und

$$\ln \frac{x^{(\alpha)}}{x^{(L)}} = \frac{\Delta H_B^0(T_{SB})}{N_B k_B} \left(\frac{1}{T} - \frac{1}{T_{SB}} \right) - \ln \frac{f_B^{(\alpha)}}{f_B^{(L)}},$$

$$(4.7)$$

wobei $\Delta H_A^0(T_{SA}) \approx \Delta H_A^0(T)$, und $\Delta H_B^0(T_{SB}) \approx \Delta H_B^0(T)$ angenommen wurde. Auflösung nach $x^{(\alpha)}$ bzw. $x^{(L)}$ führt auf die Gleichung der Solidus- bzw. Liquiduslinie im Phasendiagramm:

$$x^{(\alpha)} = \left\{ \exp\left(-\frac{\Delta H_A^0}{N_A k_B} \left(\frac{1}{T} - \frac{1}{T_{SA}} \right) + \ln [f_A^{(\alpha)}/f_A^{(L)}] \right) - 1 \right\} \bigg/$$

$$\left\{ \exp\left(-\frac{\Delta H_A^0}{N_A k_B} \left(\frac{1}{T} - \frac{1}{T_{SA}} \right) + \ln [f_A^{(\alpha)}/f_A^{(L)}] \right) \right.$$

$$\left. - \exp\left(-\frac{\Delta H_B^0}{N_B k_B} \left(\frac{1}{T} - \frac{1}{T_{SB}} \right) + \ln [f_B^{(\alpha)}/f_B^{(L)}] \right) \right\}$$

$$T_{SA} \lessgtr T \lessgtr T_{SB} \qquad\qquad (4.8)$$

$$x^{(L)} = \exp\left(-\frac{\Delta H_B^0}{N_B k_B} \left(\frac{1}{T} - \frac{1}{T_{SB}} \right) + \ln [f_B^{(\alpha)}/f_B^{(L)}] \right) \cdot x^{(\alpha)}.$$

$$(4.9)$$

In idealen Lösungen hängt der Kurvenverlauf nur von den Schmelztemperaturen der Elemente und deren Schmelzwärmen ab (vgl. Tab. 3.2). Schon die Änderung dieser Parameter hat auffällige Auswirkungen auf die Form des Phasendiagramms. Mit wachsenden ΔH_i^0-Werten entfernen sich Solidus- und Liquiduslinien voneinander. Während bei geringen Schmelzwärmen beide Kurven zur X-Achse konvex sind, wird die Liquiduslinie für hohe ΔH_i zunehmend konkav. Beispiele enthält

Abb. 4.7. Allen ist der monotone Verlauf $T(x^{(\alpha)})$, $T(x^{(L)})$ gemeinsam.

Phasendiagramme mit Minimum oder Maximum (Abb. 4.6) lassen sich auch dadurch mit vorstehenden Beziehungen beschreiben, daß der Schmelzvorgang nach (2.28) als Zerfall eines Agglomerats zweier A-Atome (A_2) im festen Zustand in zwei einzelne A-Atome $(2A)$ der Schmelze aufgefaßt wird. Für eine weiterführende Behandlung sei auf REISMAN verwiesen. In (4.7) kommt ein Verlauf wie Abb. 4.6 durch deutliche positive Abweichungen der festen Phase vom idealen Mischungsverhalten zum Ausdruck.

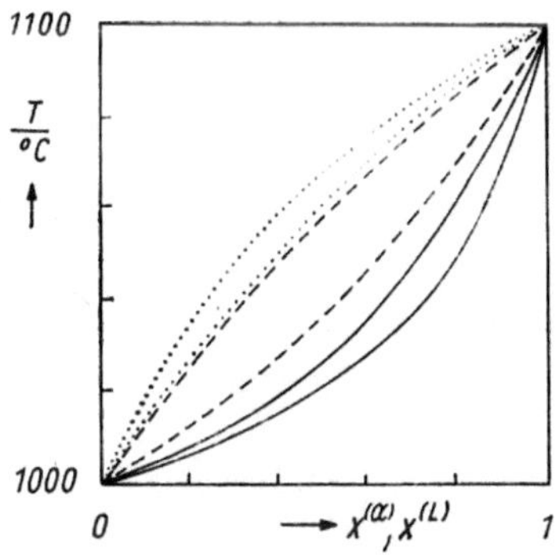

Abb. 4.7. Berechnung von Formen des Phasendiagramms nach (4.8) und (4.9) bei festgehaltenen Schmelztemperaturen der Komponenten $T_{SA} = 1000\,°C$, $T_{SB} = 1100\,°C$ für verschiedene Schmelzwärmen ΔH_i^0. Ausgezogene Kurven: $\Delta H_A^0 = 62{,}802$ kJ/mol, $\Delta H_B^0 = 20{,}934$ kJ/mol; gestrichelt (ideale Linsenform): $\Delta H_A^0 = \Delta H_B^0 = 83{,}736$ kJ/mol; punktiert: $\Delta H_A^0 = 20{,}934$ kJ/mol, $\Delta H_B^0 = 41{,}868$ kJ/mol (nach REISMAN).

4.1.2. Begrenzte Mischbarkeit im festen oder flüssigen Zustand

4.1.2.1. Mischungslücke

Das System Au—Ni bietet ein Beispiel für begrenzte Mischbarkeit zweier Komponenten im festen Zustand (Abb. 4.8). Unmittelbar unterhalb der Soliduslinie be-

steht lückenlose Mischbarkeit, unterhalb der Temperatur
$T_k = 812\,°C$ sind dagegen die Komponenten nicht mehr
in allen Mengenverhältnissen mischbar. Hier liegt eine
offenkundige Abweichung vom Verhalten idealer Lösun-

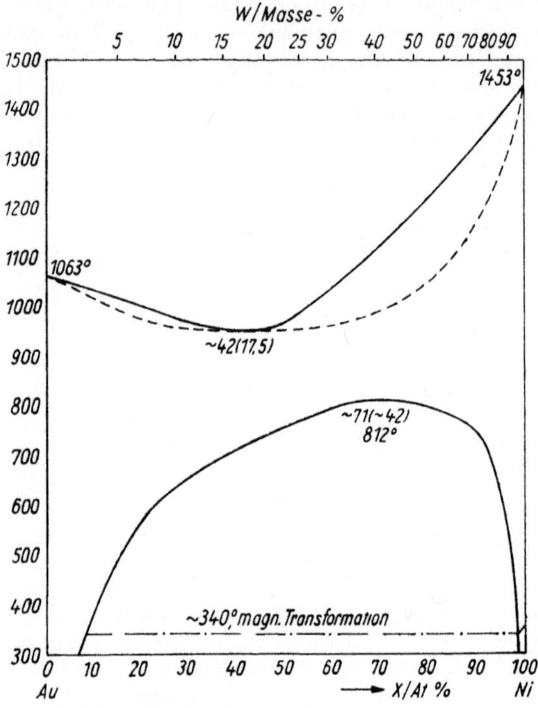

Abb. 4.8 Phasendiagramm Au−Ni (nach HANSEN/ANDERKO). Weitere Beispiele
von Systemen mit Mischungslücke sind Au−Zn, Al−Sn, Au−Pt.

gen vor. Ist das Verhalten etwa das einer streng regulären
Lösung, dann ist in (4.5)

$$\ln f_i = \alpha(1 - x_i)^2 \qquad (4.10)$$

mit $\alpha = \alpha(p, T)$ zu setzen, und für die relative integrale
Mischungsenthalpie ergibt sich

$$h^M = \alpha k_B T x_A \cdot x_B = \alpha k_B T(1 - x) x \equiv C(1 - x) x. \qquad (4.11)$$

Wegen $\alpha \sim T^{-1}$ bleibt die Mischungswärme der streng regulären Lösung temperaturunabhängig (vgl. 7.3).

Die molare freie Mischungsenthalpie der festen Phase (4.5) nimmt wegen (4.11) die Form

$$\zeta^M(x) = Cx(1-x) + k_\mathrm{B}T[x \ln x + (1-x) \ln (1-x)]$$

$$(4.12)$$

an. Dabei ist $C \gtrless 0$ für $f_i \gtrless 1$. Der Summand in eckigen Klammern — die Mischungsentropie — ist negativ. Je tiefer die Temperatur, desto geringer ist deren Einfluß. Die Funktion $\zeta^M(x)$ ändert im mittleren Teil das Vorzeichen ihrer Krümmung (vgl. Abb. 4.9a). Damit besteht die Möglichkeit einer Doppeltangente nach Abb. 2.1, d. h. eines zweiphasigen Zustandes. Ist die Mischungsenthalpie positiv ($C > 0$, bedeutet fehlende Affinität der Komponenten), tritt dieser Vorzeichenwechsel und damit die Entmischung bei

$$T_k = \frac{C}{2k_\mathrm{B}} = \frac{2h^M}{k_\mathrm{B}} \qquad (4.13)$$

ein. Nur positive Mischungswärmen $h^M > 0$ haben $T_k > 0$ zur Folge.

Die Wendepunkte $\dfrac{\partial^2 \zeta^M}{\partial x^2} = 0$ der Kurve $\zeta^M(x)$ trennen Zustände x, T verschiedener Ausscheidungskinetik voneinander. Der geometrische Ort aller Wendepunkte im T-X-Diagramm heißt Spinodale (vgl. Abb. 4.9b). Das Feld zwischen der Phasengrenze und der Spinodalen beschreibt metastabile Zustände (aktivierte Entmischung) das Feld innerhalb der Spinodalen instabile Zustände (spontane Entmischung).

Im Zweiphasenraum $\alpha_1 + \alpha_2$ (Abb. 4.9b) liegen zwei Mischkristalle gleicher Struktur, aber unterschiedlicher chemischer Zusammensetzung im Gleichgewicht nebeneinander (und durch Phasengrenzflächen getrennt) vor. Die Mengenanteile der Komponenten liest man wiederum auf der Konode ab, die Mengen der Phasen entnimmt

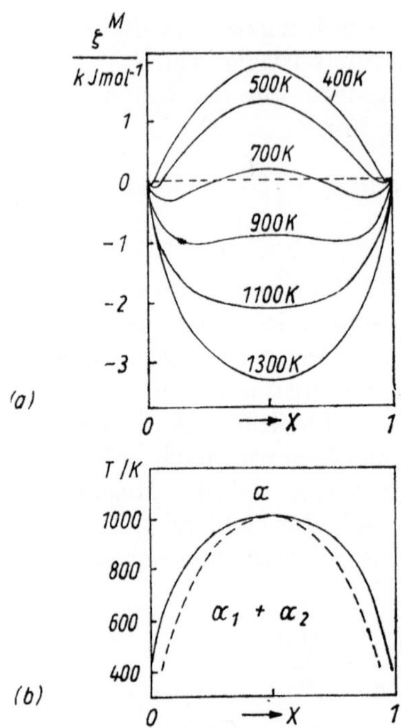

Abb. 4.9. Molare freie Mischungs-Enthalpie für verschiedene Werte des **Para**meters $C/k_\mathrm{B}T$ (vgl. Gl. (4.12)), wobei $C = 16{,}747$ kJ/mol **gesetzt** wurde. ζ^M hat einen zu $x = 0{,}5$ spiegelbildlichen Verlauf, **Null**stellen bei $x = 0$ und $x = 1$ und ist bei $C \leqq 0$ stets, bei $C > 0$ wenigstens für hinreichend hohe Temperaturen negativ. Weiterhin ist nach (4.12) $\partial\zeta^M/\partial x = C(1 - 2x) + k_\mathrm{B}T \ln[x/(1 - x)]$, $\partial^2\zeta^M/\partial x^2 = -2C + k_\mathrm{B}T/[x/(1 - x)]$, $\partial^3\zeta^M/\partial x^3 = k_\mathrm{B}T[(1 - x)^{-2} - x^{-2}]$. Die dritte Ableitung verschwindet, sofern $x = 0{,}5$; die zweite wird in diesem Punkte gerade Null, wenn $C/k_\mathrm{B}T = 2$. $\alpha = 2$ in (4.10) ist somit der kritische Wert der Entmischung. (b) Phasengrenze (ausgezogen) und Spinodale (gestrichelt) zu (a) (teilweise nach GASKELL).

man der Hebelbeziehung (vgl. 2.3). Die beiden Phasen unterscheiden sich mit zunehmender Temperatur immer weniger, im Maximum des Entmischungsgebietes beliebig wenig.

In Abb. 4.8 liegt das Entmischungsgebiet deutlich unsymmetrisch bzgl. $x = 0{,}5$. Um das mit (4.5) zu erfassen, sind verschiedene empirische Ansätze für h^M gemacht worden, wie z. B. $h^M = C_1(1-x)^4 x + C_2(1-x)^3 x^2 + \cdots + C_4(1-x) x^4$.

Eine analoge Entmischung kann auch im flüssigen Zustand auftreten. Abb. 4.10 enthält ein Beispiel. Die Argumentation ist die gleiche wie zu Abb. 4.8. Es sind auch Phasendiagramme mit Entmischungsfeldern bekannt, die geschlossen oder nach oben offen sind. Sie betreffen jedoch Systeme, die nicht zum Gegenstand dieser Darstellung gehören, wie z. B. organische Basen — Wasser (vgl. aber z. B. VOGEL).

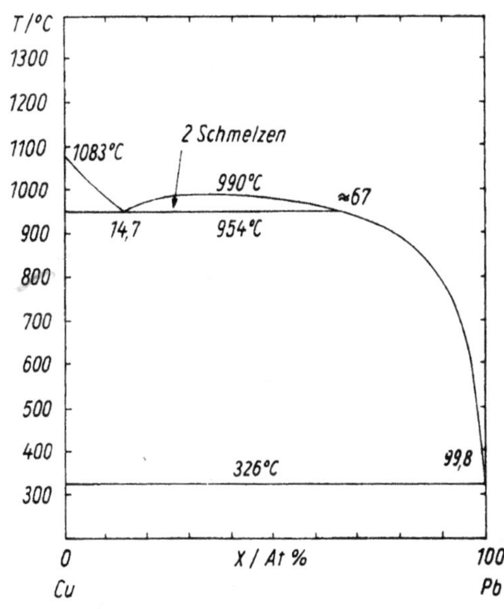

Abb. 4.10. Phasendiagramm Cu−Pb mit Mischungslücke im flüssigen Zustand (nach HANSEN, ANDERKO). Ähnliches Verhalten zeigen Pb−Zn, Ag−Cr, Ag−Ni, Ag−S, Ag−Se, Ag−U, Al−Cd, Ce−Mn, Cu−Cu₂O, Cu−Cu₂S, FeS−Fe₃C, SiO₂−CaO u. a.

4.1.2.2. *Eutektisches System*

Ein Phasendiagramm der Form von Abb. 4.11 läßt sich aus dem der Abb. 4.8 dadurch entstanden denken, daß das Entmischungsfeld die Soliduskurve überschreitet.

Ein sehr ähnliches Diagramm war bereits mit Abb. 2.2 erörtert worden. Im Unterschied zu Abb. 2.2 enthält Abb. 4.11 nur einen Einphasenraum, den der Schmelze. Die Löslichkeit der Komponenten im festen Zustand ist im vorliegenden Falle vernachlässigbar klein. Die Ein-

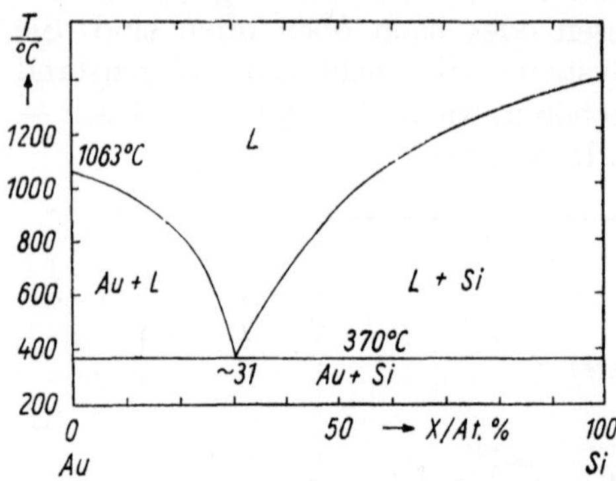

Abb 4.11. Phasendiagramm Au – Si mit einfachem Eutektikum (nach HANSEN, ANDERKO). Die in den einzelnen Feldern im thermodynamischen Gleichgewicht auftretenden Phasen sind angegeben. L = Schmelze; Au, Si = praktisch reine Komponenten. Der eutektische Punkt hat die Koordinaten $T = 370°C$, $X = 31$ At % Si. Die Löslichkeit von Au in Si beträgt maximal $2 \cdot 10^{-4}$ At. % (vgl. ELLIOTT).

phasenräume von α- und β-Mischkristallen fallen praktisch mit den Existenzgebieten der reinen Komponenten zusammen. Wie im System Ag—Cu werden drei Zweiphasenräume beobachtet. Ein solches System heißt eutektisch. Als Besonderheit tritt eine Dreiphasenreaktion der Form $L \rightarrow \alpha + \beta$ (bzw. in Abb. 4.11 $L \rightarrow$ Au + Si) auf, die eutektische Reaktion genannt wird. Bei Abkühlung der Schmelze zerfällt diese in zwei feste Phasen. Der Phasenzustandspunkt der Schmelze heißt dann eutektischer Punkt, wenn sich die Schmelze im Gleichgewicht mit ihren Zerfallsprodukten befindet.[1]

---

[1] Ein System mit der Zusammensetzung des eutektischen Punktes erstarrt mit einheitlichem Schmelzpunkt.

Der nach (2.19)[1]) mit $\Phi = 3$ mögliche nonvariante Dreiphasenraum ist zu einer horizontalen Geraden (in Abb.
4.11 $T = 370\,°C$), der eutektischen Geraden, entartet.
Ihre Existenz verrät sich durch einen Haltepunkt T_E
auf der Abkühlkurve (vgl. dazu Abb. 4.2 mit Abb. 4.12).
Bilden sich α und β aus einer festen Phase L, heißt die
Reaktion eutektoid.

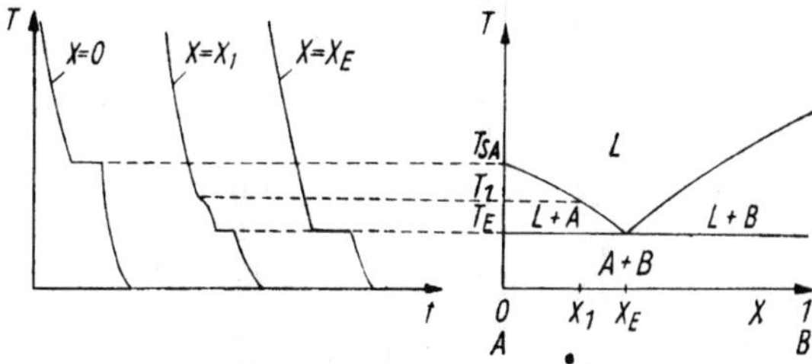

Abb 4.12. Abkühlkurven $T(t)$ im eutektischen System für drei verschiedene
Systemzusammensetzungen X. Das zugehörige Phasendiagramm
$T(X)$ ist daneben angegeben. Im System $X = 0$ ist der Mengenanteil
der Phase B Null, daher tritt in der Abkühlkurve nur ein Haltepunkt bei der Schmelztemperatur T_{SA} der Komponente A auf.
Alle Systeme mit Zusammensetzungen $X \neq 0$ und $\neq 1$, deren Zustandspunkt die eutektische Gerade überschreitet, weisen einen
Haltepunkt bei der Temperatur T_E auf. Die Temperatur kann
solange nicht absinken, wie noch Schmelzwärme frei wird. Die
Dauer der Haltepunkte ist den umgewandelten Phasenmengen proportional.

Das Gefügebild kann je nach Kristallisationsbedingungen
sehr unterschiedliche Form aufweisen. Meist sind jedoch die
zuerst ausgeschiedenen Kristalle (sog. Primärkristalle; in Abb.
4.12 bei $X = X_1$ Kristalle der Komponente A) von dem fein-
körnigen Gemenge des eutektischen Gefüges deutlich in Größe
und Form unterschieden. Um hohe Eigenschaftsanisotropien
zu erzeugen, werden für manche Anwendungen gerichtet er-
starrte Eutektika hergestellt.

---

[1]) (2.19) gilt für konstanten Gesamtdruck $p_{ges} = p_A + p_B + p_I$ mit einem Inert-
gasdruck p_I. Die in der Phasenregel auftretenden Phasen sind keine gasförmigen.

Der Unterschied in der chemischen Zusammensetzung von Primärkristallen und Restschmelze führt sehr oft zu einer nennenswerten Verarmung an einer Komponente in einer Schicht um den Primärkristall. Vorspringende Spitzen des Kristalls können unter diesen Bedingungen schneller wachsen, erfolgt doch dort der Antransport der betreffenden Komponente aus einem größeren Raumwinkelbereich. Der Kristall bildet sich daher vorzugsweise in länglicher verästelter Form (Dendriten, vgl. auch Abb. 1.1). Alle Phasendiagrammlinien lassen sich wiederum anhand von (2.39) diskutieren. Wir bemerken hier nur, daß im Unterschied zu Abb. 4.1 und Abs. 4.1.1.1. für hohe x-Werte der Term $x^{(j)} - x^{(i)}$ sein Vorzeichen wechselt.

Die Form der Liquiduslinie läßt sich im Falle vernachlässigbarer Löslichkeit der Komponenten im festen Zustand auch analog zu 4.1.1.5. aus dem Schmelzverhalten der Komponenten über (4.7) ableiten. Auf der A-reichen Seite ergibt sich wegen $x^{(\alpha)} \approx 0$ und $f_A{}^{(\alpha)} \approx 1$

$$x^{(L)} = 1 - \frac{1}{f_A{}^{(L)}}\, \mathrm{e}^{-\frac{\Delta H_A{}^0}{N_B k_B}\left(\frac{1}{T} - \frac{1}{T_{SA}}\right)}, \qquad (4.14)$$

auf der B-reichen Seite mit $x^{(\alpha)} \to x^{(\beta)} = 1$

$$x^{(L)} = \frac{1}{f_B{}^{(L)}}\, \mathrm{e}^{-\frac{\Delta H_B{}^0}{N_B k_B}\left(\frac{1}{T} - \frac{1}{T_{SB}}\right)}{}^{[1)}. \qquad (4.15)$$

Wenn die Temperaturen T nahe den Schmelztemperaturen der Komponenten liegen ($T - T_{Si} \ll T_{Si}$), lassen sich (4.14) und (4.15) vereinfachend als

$$x^{(L)} \approx \frac{\Delta H_A{}^0}{N_A k_B T_{SA}^2}\, (T_{SA} - T) + \ln f_A{}^{(L)} \qquad (4.16)$$

bzw.

$$x^{(L)} \approx 1 - \frac{\Delta H_B{}^0}{N_B k_A T_{SB}^2}\, (T_{SB} - T) - \ln f_B{}^{(L)} \qquad (4.17)$$

[1)] (4.14) oder (4.15) wird auch als van't Hoffsche Gleichung bezeichnet.

schreiben. Die Schmelzpunkterniedrigung ist ein Maß für die Schmelzwärme und für die Abweichung vom idealen Lösungsverhalten.

Der eutektische Punkt T'_E, X_E errechnet sich als Schnittpunkt der beiden Liquiduslinien (4.14) und (4.15) bzw. (4.16) und (4.17). Die Kurventeile mit $T' < T_E$ haben die Bedeutung metastabiler Fortsetzungen der Schmelzkurven.

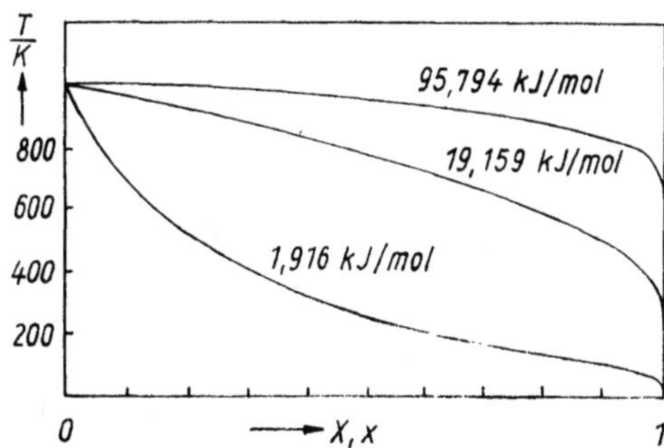

Abb. 4.13. Form der Liquiduslinie (4.14) im Falle idealen Lösungsverhaltens für eine Schmelztemperatur $T_{sA} = 1000\,\mathrm{K}$. Die Schmelzwärme $\varDelta H_A^0$ der Komponente A ist Parameter. Der Wendepunkt der oberen beiden Kurven liegt außerhalb des physikalisch sinnvollen Wertebereichs $0 \leq x \leq 1$ (nach REISMAN).

Die Form der Liquiduslinien (4.14) bzw. (4.15) wird — wie bereits in 4.1.1.5. — wesentlich durch die Schmelzwärme bestimmt. Ein quantitatives Beispiel enthält Abb. 4.13. Eine qualitative Klassifizierung läßt sich gut an der Lage des Wendepunktes $\partial^2 x^{(L)}/\partial T^2 = 0$ vornehmen. Dessen Koordinaten sind

$$T_w = \frac{\varDelta H_A^0}{2N_A k_\mathrm{B}} \tag{4.18}$$

und

$$x^{(L)w} = 1 - \frac{1}{f_A^{(L)}}\, \mathrm{e}^{-2 + \varDelta H_A^0 / N_A k_\mathrm{B} T_{sA}}. \tag{4.19}$$

Im Falle idealer Lösung $f_A{}^{(L)} = 1$ tritt demnach der
Wendepunkt nur dann im hier interessierenden Intervall
$0 \leq x^{(L)w} \leq 1$　auf,　wenn　$\Delta H_A{}^0/N_A k_B T_{SA} \leq 2$　bleibt.
Andernfalls ist der Verlauf der Liquiduslinie durchgehend
konkav zur X-Achse. In Tab. 4.2 sind auf der Grundlage
von Tab. 3.2 einige Zahlenbeispiele zusammengestellt.
Der Wendepunkt kann gegenüber der Erwartung verschoben sein infolge Abweichung vom idealen Lösungsverhalten, er kann aber auch dadurch verdeckt sein,

Tabelle 4.2

$2T^*/T_{SA}$ Werte einiger Elemente

Element	$\Delta H_A{}^0/N_A k_B T_{SA}$	Element	$\Delta H_A{}^0/N_A k_B T_{SA}$
Au	1,15	In	0,92
Bi	2,40	Ni	1,18
Ge	3,18	Te	5,82

daß der eutektische Punkt wegen stark unterschiedlicher
Schmelztemperaturen der Komponenten nach der Seite
der niedrigerschmelzenden verschoben ist. Treten Disso-
ziationen der Komponenten auf, sind diese nach (2.28)
in (2.33) entsprechend zu berücksichtigen. Für eine
ausführliche Betrachtung dieses Falles sei auf REISMAN
verwiesen.

Systeme, wie z. B. Ag—Cu (Abb. 2.2), mit meßbarer
Löslichkeit der Komponenten ineinander, können auch
analog zum Vorgehen in 4.1.1.4. aus den freien Enthal-
pien von Schmelze und regulärer fester Lösung (freie
Mischungsenthalpie nach (4.12)) abgeleitet werden. In
Abb. 4.14 ist das dargestellt.

4.1.2.3. *Peritektisches System*

Begrenzte Mischbarkeit im festen Zustand wird auch
in Systemen der Gestalt von Abb. 4.15 beobachtet,
die man peritektisch nennt. Überschreitet der Zustands-

punkt des Systems die peritektische Gerade PB (wegen $T_p = \mathrm{const}$ auch peritektische Temperatur) in Richtung fallender Temperatur, dann bildet sich aus Schmelze L und fester Phase β die feste Phase α: $L + \beta \to \alpha$. Dies geschieht praktisch so, daß sich β-Phase mit Schmelze umhüllt und dabei an der Grenzfläche α gebildet wird (Abb. 4.16). Die Verwandtschaft mit einem eutektischen

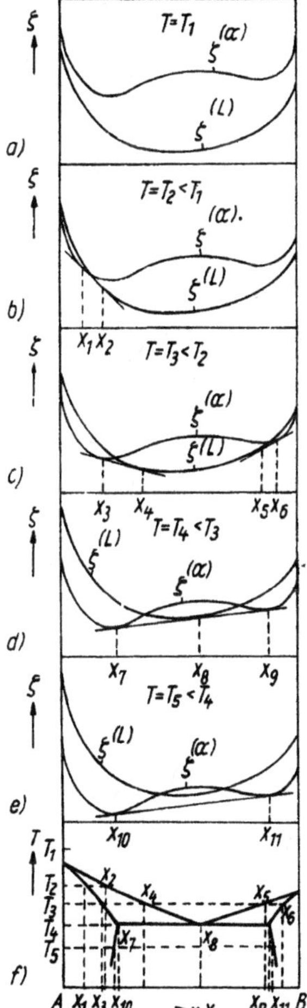

Abb. 4.14. (a)–(e) Temperaturabhängigkeit der relativen Lage von freier Enthalpie $\zeta^{(\alpha)}$ und $\zeta^{(L)}$ im Falle eines eutektischen Systems, dessen Phasendiagramm in (f) angegeben ist. Bei der eutektischen Temperatur $T = T_4 = T_E$ bestimmt eine Dreifachtangente das Gleichgewicht zwischen x_7 und x_8 (nach SCHULZE).

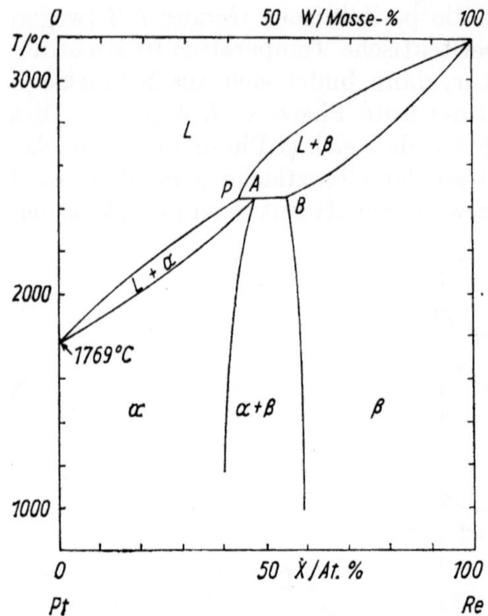

Abb. 4.15. Phasendiagramm des Systems Platin-Rhenium nach HANSEN, ANDERKO. Der Platin-Mischkristall α der Zusammensetzung *A* bildet sich auf dem Wege peritektischer Reaktion aus Schmelze *L* der Zusammensetzung *P* und Rhenium-Mischkristall β der Zusammensetzung *B*.

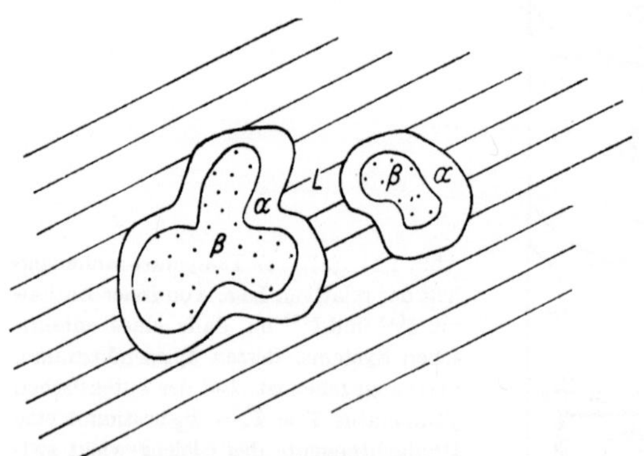

Abb. 4.16. Peritektische Bildung von α-Phase aus β-Phase und umhüllender Schmelze *L*.

System (vgl. 4.1.2.2.) ist offenkundig. Man stelle sich nur vor, daß die Schmelztemperatur einer Komponente in Abb. 4.14 unter der eutektischen Temperatur liegt. Da die Reaktion Teilchentransport durch die feste Phase α hindurch erfordert, verläuft sie i. allg. langsamer als die eutektische, was die Einstellung des Gleichgewichts erschwert.

Der Zustandspunkt der Schmelze P im Dreiphasengleichgewicht wird als peritektischer Punkt bezeichnet. Für die quantitative Behandlung kann auf 4.1.2.2. verwiesen werden.

Häufig tritt diese Form des Phasendiagramms unterhalb des Existenzfeldes der Schmelze auf. Dann sind alle beteiligten Phasen fest. Die Reaktion wird in diesem Falle peritektoid genannt.

4.1.3. *System mit intermediärer Phase*
 (oder zwei eutektischen Punkten)

Eine feste Phase, die von den Randphasen des Systems durch Zweiphasenräume getrennt ist, heißt intermediär (oder intermetallisch, sofern die Randphasen metallisch sind). Das zugehörige Phasendiagramm weist in diesem Falle zwei eutektische (peritektische) Punkte auf (Abb. 4.17).

Einer Phase oder auch Verbindung mit diesen Eigenschaften ordnen wir die Formel $A_m B_n$ zu, wobei m und n innerhalb des Einphasenraumes der Verbindung schwanken können. Man sagt, die Phase besitze einen Homogenitätsbereich. Der Homogenitätsbereich der intermetallischen Verbindung Mg_2Sn ist nach Abb. 4.17 zu einer vertikalen Geraden entartet. Bezüglich der Phasenbeziehungen in der T-X-Ebene gelten direkt die Überlegungen von 4.1.2., wenn das System AB gedanklich in zwei Teilsysteme $A - A_m B_n$ und $A_m B_n - B$ zerlegt wird.

Man führt zuvor eine Koordinatentransformation nach (1.8b) durch, die im Beispiel der Abb. 4.17 das eutektische System rechts der Verbindung Mg_2Sn durch die Variablen ξ_{Sn} und ξ_{Mg_2Sn} zu beschreiben gestattet. In (1.8a) bis (1.8e) ist demnach $\xi_1 = \xi_{Sn} = \xi_\varkappa$, $\xi_{\varkappa+1} = \xi_{Mg_2Sn} = \xi_{\varkappa+\nu}$, $x_{10}^{\varkappa+1} = x_{Sn}^{Mg_2Sn} = x_{10}^{\varkappa+\nu}$; $X_1 = X_{Sn} = X_\varkappa$, $X_{\varkappa+1} = X_{Mg} = X_K$. Somit wird wegen (1.8c),

(1.8d) $D_1 = D_{Sn} = X_{Sn} - \dfrac{1}{3}$, $D_2 = D_{Mg_2Sn} = X_{Mg}$ und mit

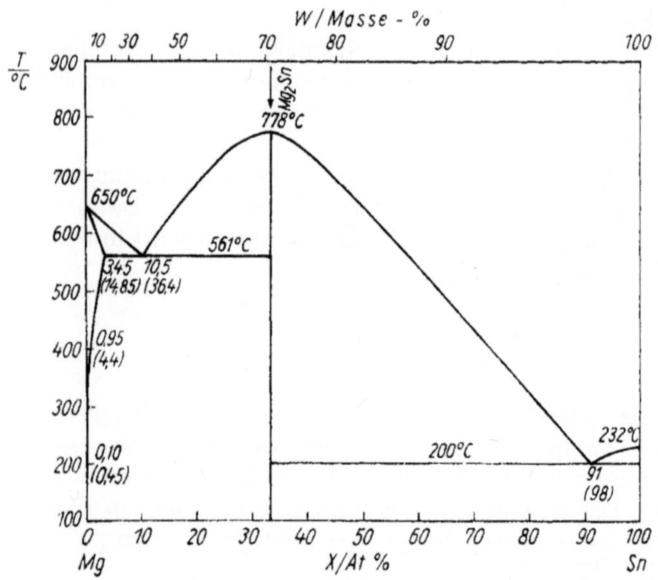

Abb. 4.17. Phasendiagramm des Systems Magnesium-Zinn nach HANSEN, ANDERKO. Die dimensionslosen Zahlenangaben im Diagramm bezeichnen X-Werte (bzw. W-Werte in Klammern) der zugehörigen Punkte auf Phasengrenzlinien.

(1.8e) $D = x_{Mg}^{Mg_2Sn} = \dfrac{2}{3}$, so daß der Mengenanteil an „freiem"

Zinn $\xi_{Sn} = \dfrac{3}{2} X_{Sn} - \dfrac{1}{2}$ im System $Mg_2Sn - Sn$ zwischen 0 und 1 und der Mengenanteil der Verbindung $\xi_{Mg_2Sn} = 3X_{Mg}/2 = 3(1 - X_{Sn})/2$ zwischen 1 und 0 variiert.

Soll die Berechnung der Liquiduslinie im Existenzgebiet der festen Verbindung auf deren freie Enthalpie

der Bildung $\Delta G^\circ_{AmBn} \equiv G^{(\text{fest})}_{AmBn} - G_A^{(\text{fest})} - G_B^{(\text{fest})}$
$= m\mu_A^{(AmBn,\text{fest})} + n\mu_B^{(AmBn,\text{fest})} - m\mu_A^{\circ(\text{fest})} - n\mu_B^{\circ(\text{fest})}$
aus den festen Komponenten sowie auf die chemischen
Potentiale der Komponenten in der Schmelze L zurückgeführt werden, dann schreibt man (2.31) in der Form

$$RT \ln (a_A^{(L)})^m (a_B^{(L)})^n = \Delta G^\circ_{AmBn} - m(\mu_A^{\circ\text{fest}} - \mu_A^{\circ L})$$

$$- n(\mu_B^{\circ\text{fest}} - \mu_B^{\circ L}). \qquad (4.20)$$

Die Differenzen der chemischen Potentiale auf der rechten
Seite von (4.20) kann man näherungsweise durch die
Schmelzenthalpien der Elemente ausdrücken. Es ist
$\mu_A^{\circ\text{fest}} - \mu_A^{\circ L} \approx \Delta H_A^{f-L} \cdot (1 - T/T_{SA})$, T_{SA} Schmelztemperatur von A. Eine analoge Gleichung gilt für B.
Wird die Temperaturabhängigkeit von ΔG°_{AmBn} noch durch
$\Delta G^\circ_{AmBn} \approx \Delta H^\circ_{AmBn}(T_S) - T\Delta S^\circ_{AmBn}(T_S)$ angenähert, dann
sind alle Größen auf der rechten Seite von (4.20) be-
kannt (T_S Schmelztemperatur der Verbindung).

Der Verlauf der Liquiduslinie in der Umgebung des
Maximums (vgl. Abb. 4.17) läßt sich über analoge Betrachtungen, wie sie (2.39) vorausgingen, auf das Verhalten der freien Enthalpie zurückführen. Er ist näherungsweise durch eine Parabel im $T(x^{(L)})$-Diagramm
gegeben[1]:

$$T - T^{\max} = -(x^{(L)} - x^{AmBn})^2 \frac{T}{2\Delta H^{(f-L)}} \frac{\partial^2 \zeta^{(L)}}{\partial x^{(L)2}}\bigg|_{x^{(L)} = x^{AmBn}}.$$

$$(4.21)$$

Hierbei ist x^{AmBn} der Mengenanteil B der Verbindung
im Schmelzpunktmaximum, $T_{\max}$ die Temperatur dieses
Maximums, $\Delta H^{(f-L)}$ die Schmelzwärme der Verbindung.
Die zweite Ableitung der freien Enthalpie bezüglich $x^{(L)}$
ist im Maximum zu bestimmen.

Maßgebend für den Verlauf der Liquiduskurve ist also die
Krümmung der Funktion $\zeta^{(L)}(x^{(L)})$. Umgekehrt kann aus experi-

---

[1] Vgl. Schottky, Ulich, Wagner.

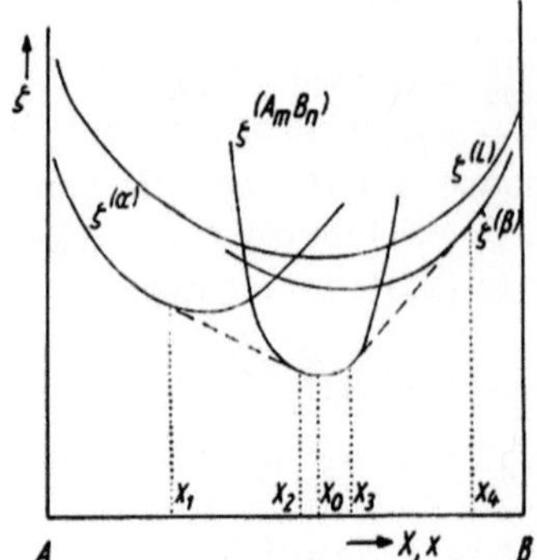

Abb. 4.18. Schematische Darstellung der molaren freien Enthalpien von Schmelze L, Mischkristallphase α und β sowie von intermediärer Phase A_mB_n des binären Systems $A-B$ in Abhängigkeit vom Mengenanteil X der Komponente B. Bei der gewählten Temperatur sind zwischen $X=0$ und $X=X_1$ sowie zwischen $X=X_4$ und $X=1$ die Mischkristallphasen, zwischen $X=X_2$ und $X=X_3$ die intermediäre Phase A_mB_n (stöchiometrische Zusammensetzung X_0) und in den Bereichen $X_1\cdots X_2$ und $X_3\cdots X_4$ Zweiphasengemenge thermodynamisch stabil.

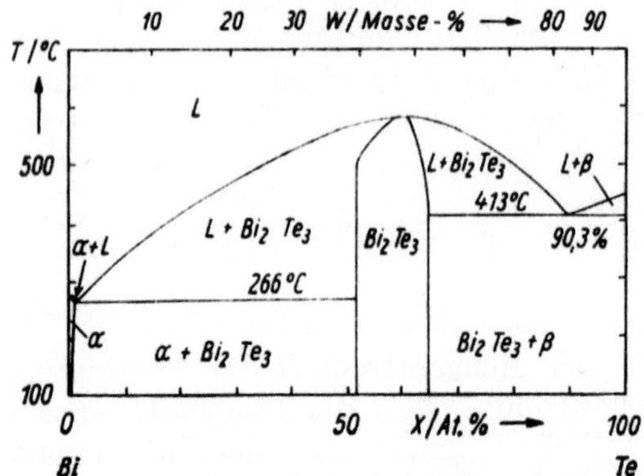

Abb. 4.19. Phasendiagramm des Systems Wismut-Tellur (nach HANSEN, ANDERKO). Die intermetallische Verbindung Bi_2Te_3 weist einen Homogenitätsbereich auf, der eine Breite von fast 15 At.-% erreicht. Die stöchiometrische Zusammensetzung $X_0 = 60$ At. % Te ist darin enthalten. Die Löslichkeit von Bi in Te ist so klein, daß sie der Darstellung nicht entnommen werden kann. Der eutektische Punkt des wismutreichen Eutektikums liegt bei $X = 2{,}4$ At. %.

mentell bestimmten Liquiduslinien auf $(\partial^2\zeta^{(L)}/\partial x^{(L)2})_{x^{(L)}=x^{AmBn}}$ $= RT(\partial \ln a_2^{(L)}/\partial x^{(L)})_{x^{(L)}=x^{AmBn}}/(1-x^{AmBn})$ geschlossen werden. Ändert sich die Aktivität $a_2^{(L)}$ stark mit der chemischen Zusammensetzung, dann bildet die Liquiduslinie eine sehr schmale Parabel. Für die Berechnung der Liquiduslinie vgl. auch BREB-RICK.

Das Auftreten einer intermediären Phase sowie die Existenz eines Homogenitätsbereiches kann wie bei

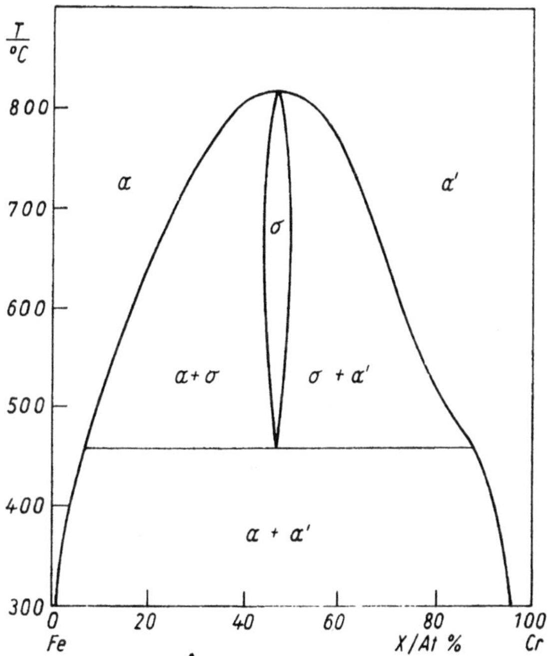

Abb. 4.20 (a, b). Ausschnitt aus dem Phasendiagramm des Systems Eisen-Chrom nach KUBASCHEWSKI, SLOUGH. Die Phasengrenzen wurden aus $\zeta(X)$-Kurven berechnet (vgl. (b)). Diese entstanden ihrerseits aus Messungen der Bildungswärmen. Die σ-Phase bildet sich beim Abkühlen aus dem α-Mischkristall (kubisch-raumzentriertes Gitter) und weicht bei tiefen Temperaturen einem Zweiphasengemenge aus eisen- und chromreichen Mischkristallen $\alpha + \alpha'$ (vgl. dazu auch Abb. 4.9 (b)). Dargestellt in (b) ist die molare freie Enthalpie der Mischung ζ^M (vgl. 4.1.2.1).

den vorangegangenen Phasendiagrammtypen auf die Konkurrenz der freien Enthalpien zurückgeführt werden. Abb. 4.18 illustriert die Situation in einem System mit einer solchen Phase. Ein Beispiel dafür ist das System

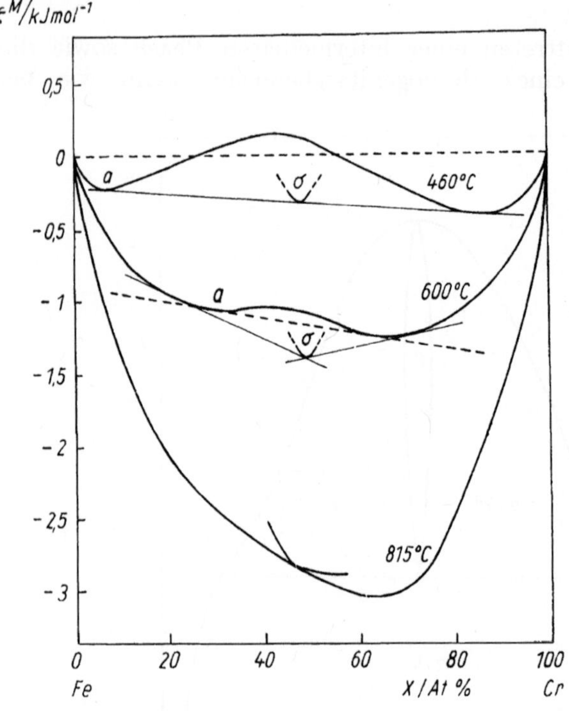

Abb. 4.20 b.

Bi—Te (Abb. 4.19). Zahlreiche Homogenitätsbereiche sind nur unzureichend untersucht, namentlich zu tiefen und sehr hohen Temperaturen hin. Daher sind die gegenwärtig verfügbaren Phasendiagramme keineswegs als endgültig anzusehen.

Auf folgende Besonderheiten sei noch aufmerksam gemacht.

1. Die intermediäre Phase kann nach tiefen Temperaturen hin instabil werden. Ein Beispiel dafür bietet die σ-Phase des Systems Fe—Cr (Abb. 4.20).

2. Die stöchiometrische Zusammensetzung kann außerhalb des Homogenitätsbereiches liegen, wie z. B. die der Phase θ-$CuAl_2$. Anhand von Abb. 4.18 macht man sich klar, daß die Ausdehnung des Homogenitätsbereiches nicht allein vom Verlauf der freien Enthalpie der betref-

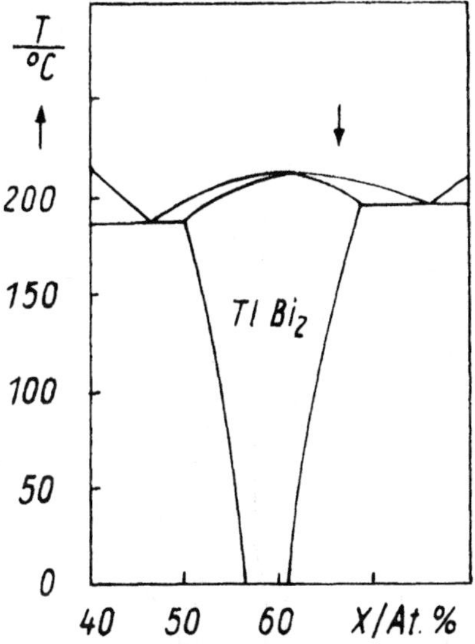

Abb. 4.21. Ausschnitt aus dem Phasendiagramm Thallium-Wismut in der Umgebung der intermetallischen Verbindung Bi_2Tl. Das Maximum der Liquiduslinie liegt bei 62,5 At. % Bi, die stöchiometrische Zusammensetzung (s Pfeil) bei 66,7 At. % Bi (nach HANSEN, ANDERKO).

fenden intermediären Phase, sondern auch von der Lage der ζ-Kurven benachbarter Phasen abhängt.

3. Das Maximum der Liquiduslinie der Verbindung muß nicht mit der stöchiometrischen Zusammensetzung zusammenfallen (s. z. B. Abb. 4.21). Auch in diesen Fällen

handelt es sich um eine quantitative Besonderheit ähnlich der in Abb. 4.20 (b). Die Berührung der ζ-Kurve der Verbindung mit der der Schmelze erfolgt nicht bei der stöchiometrischen Zusammensetzung. Diese ist in der Schmelze und/oder im festen Zustand nicht ausgezeichnet.

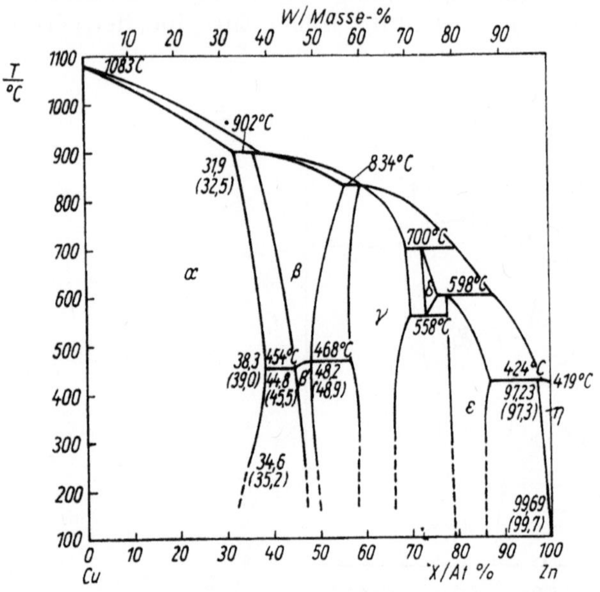

Abb. 4.22. Phasendiagramm des Systems Kupfer-Zink (nach HANSEN, ANDERKO). Die Phasen β, β', γ, δ, ε sind intermetallische Verbindungen (vgl. auch Abb. 4.17).

4. Die Bildung der intermediären Phase kann auch peritektisch erfolgen. Es gelten die Überlegungen von 4.1.2.3. (vgl. Abb. 4.22).

Die Mehrzahl der Phasendiagramme enthält die einfache oder mehrfache Kombination der Grundtypen 4.1.1, 4.1.2 und 4.1.3. Die Abb. 4.22 und 4.22A zeigen Beispiele.

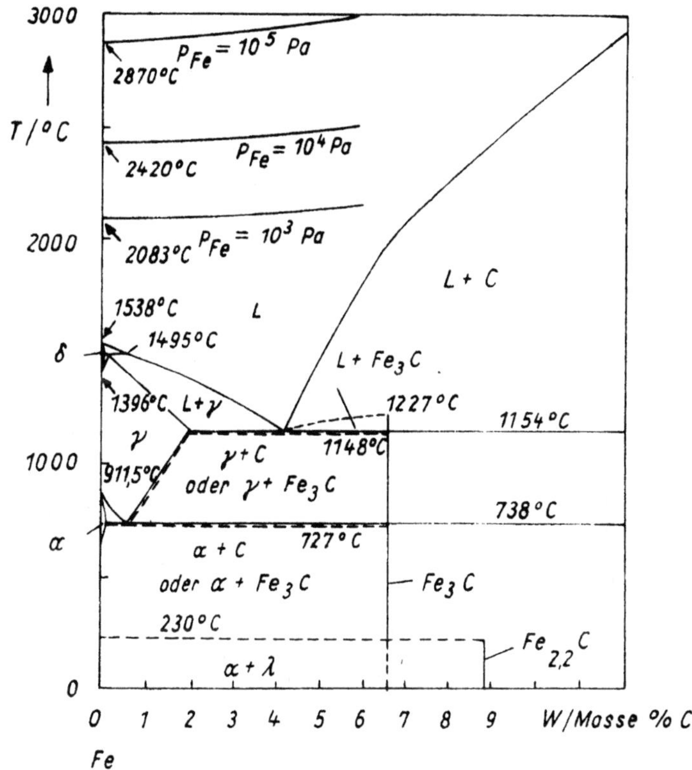

Abb 4.22 A. Ausschnitt aus dem Phasendiagramm Eisen-Kohlenstoff. Die drei festen Hochtemperaturphasen des reinen Eisens α (W-Typ, $A\,2$), γ (Cu-Typ, $A\,1$) und δ (W-Typ, $A\,2$) bestimmen die Gliederung des Diagramms. Die Phasengrenze des α-Mischkristalls (Ferrit) erreicht maximal 0,021 Masse-% C. Die γ-Mischkristallphase (Austenit) bildet ein Peritektikum bei 0,17 Masse-% C. Das gleiche gilt für die δ-Phase bei 0,09 Masse-%. Im System tritt die intermediäre Phase Fe_3C (Zementit, rhombisch) auf, die bezüglich C und dessen gesättigter Lösung in Fe metastabil ist (gestrichelte Phasengrenzen). Unterhalb (230⋯350)°C erreicht das HÄGGsche Karbid x-$Fe_{2,2}C$ (monoklin, Mn_5C_2-Typ) größere Stabilität als Zementit. Einige weitere Karbide sind nicht angegeben, da ihre Existenzbedingungen nur ungenügend bekannt sind. Die Siedetemperatur des Eisens beträgt unter Normaldruck 2870°C, ihre Änderung mit Zulegieren von C und mit verändertem Druck ist bis zu etwa 5% ebenfalls eingetragen (nach CHIPMAN).

4.1.4. Berücksichtigung der Dampfphase. Der p-T-X-Raum

Trotz der Schwierigkeiten, die Verhältnisse im p-T-X-Raum zeichnerisch darzustellen, fördert eine solche Abbildung das Verständnis für die Besonderheiten gegen-

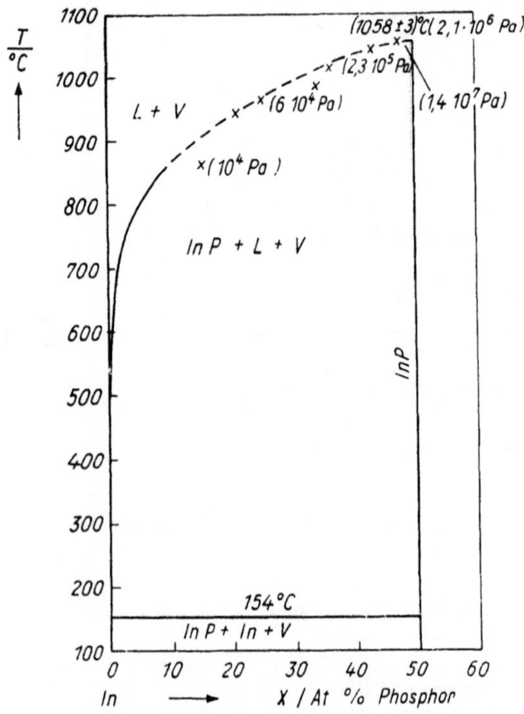

Abb 4.23. Phasendiagramm $T-X$ des Systems In$-$P für $X = (0\cdots60)$ At. % Phosphor. Der Gesamtdruck p ($\approx$ Partialdruck des Phosphors p_P) ist als Parameter angegeben. (nach SHUNK) Die Existenzbereiche der Phasengemenge und Phasen sind bezeichnet. Neben der festen Verbindung In P mit praktisch nicht erkennbarem Homogenitätsbereich (vgl. 4.1.3.) treten schmelzflüssige (L) und dampfförmige (V) Phase sowie die (praktisch reine) feste Komponente In auf. Oberhalb $X = 50$ At. % P fehlen experimentelle Ergebnisse. Im Unterschied zu Abb. 2.2 ist weder der eutektische Punkt noch der Mischkristallphasenraum In$-$P der Messung zugänglich gewesen (entartetes Randeutektikum).

über kondensierten Systemen. In Abb. 4.25 ist ein Ausschnitt aus dem in den Koordinaten p und T prinzipiell nicht begrenzten Raum p-T-X dargestellt. Die beiden p-T-Begrenzungsflächen des Quaders enthalten Zu-

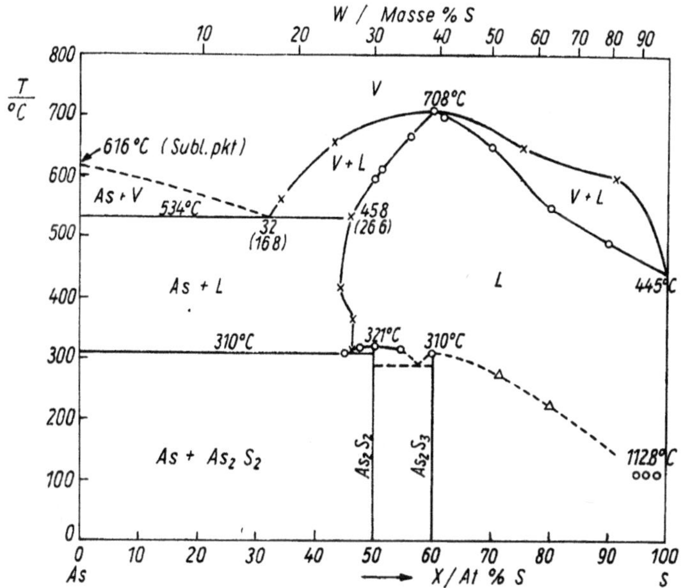

Abb. 4.24. *T-X*-Diagramm des Systems As-S bei konstantem Gesamtdruck $p = 1{,}01 \cdot 10^5$ Pa. Die Liquidus-Linien bei hohen Schwefelgehalten sind wegen erhöhter Zähigkeit der Schmelze unsicher. As_2S_2 ist im geschmolzenen Zustand L stark dissoziiert, was an dem beträchtlichen Temperaturintervall (ca. 100 K) zwischen Beginn und Ende des Siedens bei dieser Zusammensetzung erkennbar ist. Im Gegensatz dazu zerfällt As_2S_3 in der Schmelze nicht. As = (praktisch) reines festes Arsen mit Sublimationspunkt 616 °C, V gasförmige Phase (nach HANSEN, ANDERKO).

standspunkte der Einkomponenten-Systeme $X = 0$ bzw. $X = 1$. Für sie gelten die Überlegungen von 3.1. Innerhalb des binären Systems $X \neq 0;1$ ist der geometrische Ort des Gleichgewichts zweier Phasen eine Fläche. Sublimations-, Schmelz- und Siedekurven der Einkompo-

nentensysteme (vgl. Abb. 3.1) spalten innerhalb des
p-T-X-Raumes in je zwei derartiger Flächen auf,
von denen die eine die chemische Zusammensetzung

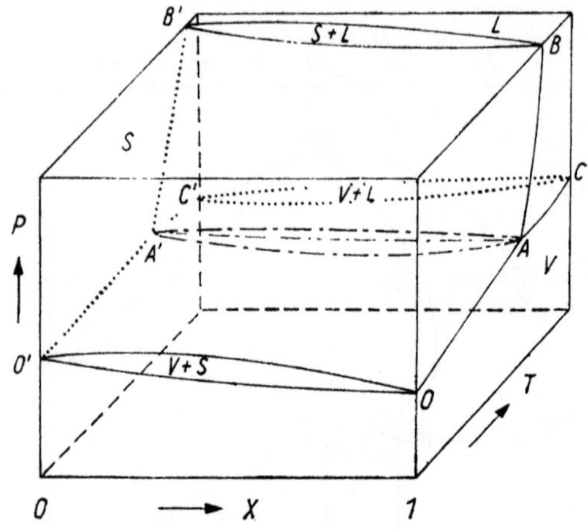

Abb. 4.25. Schematische Darstellung des p-T-X-Raumes einse binären Systems vollständiger Mischbarkeit der Komponenten $X = 0$ und
$X = 1$ im festen (S), flüssigen (L) und dampfförmigen (V) Zustand.
OA und $O'A'$ sind die Sublimationskurven, AB und $A'B'$ die Schmelzkurven, AC und $A'CI$ die Siedekurven der Komponenten. Zwischen
den Punkten den O, A, A', O' werden zwei Flächen aufgespannt, die
das Koexistenzgebiet von Dampf und Festkörper einschließen.
Die vordere Begrenzungsfläche des Quaders stellt einen isothermen
Schnitt für tiefe Temperaturen dar. Analog liegen zwischen den
Punkten A, B, B', A' sowie A, C, C', A' Flächenpaare, die bivariante
Zweiphasenräume $S + L$ sowie $V + L$ einschließen. Die obere
Begrenzungsfläche des Quaders zeigt den Verlauf der Phasengrenzen
eines isobaren T-X-Schnittes.
   Die oberen der Flächen $OAA'O'$ und $ABB'A'$ begrenzen z. B.
den festen Einphasenraum. Sie schneiden sich in einer Kurve AA'.
Analoges gilt für die Einphasenräume L und V. Daher ergeben sich
zwischen A und A' drei Schnittkurven.

einer Phase und die andere die chemische Zusammensetzung der koexistierenden zweiten Phase angibt. Feste
(S), flüssige (L) und dampfförmige (V) Phase sind im
Fall der Abb. 4.25 lückenlos mischbar. Die Einphasen-

räume S, L und V schließen paarweise Zweiphasenräume $S + L$, $V + L$ und $V + S$ ein. Bei genügend tiefen Temperaturen unterhalb der Tripelpunkte A und A' liegen feste (S) und dampfförmige (V) Phase nebeneinander im bivarianten Gleichgewicht vor. Bei sehr hohen Temperaturen werden nur noch V und L nebeneinander beobachtet. Ein isobarer Schnitt durch Abb. 4.25 für nicht zu hohe Drücke kann die Form der Abb. 4.26

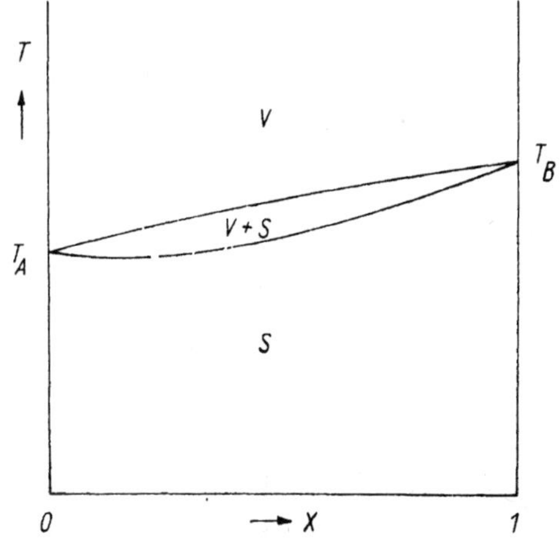

Abb. 4.26. Isobarer Schnitt $p =$ const durch das Gebiet des Zweiphasengleichgewichts Dampf-Festkörper von Abb. 4.25. Bei den Temperaturen T_A und T_B sind die Sublimationsdrücke der Komponenten A und B gleich dem konstanten Gesamtdruck $p =$ const.

haben. Der Kurvenverlauf wird nach (4.8) bzw. (4.9) berechnet, man setze dort $\alpha = S$, $L = V$ und an Stelle der Schmelzenthalpien ΔH^0 die Sublimationsenthalpien sowie der Schmelztemperaturen die Sublimationstemperaturen der beiden Komponenten.

Wird ein isobarer Schnitt durch ein Dreiphasenfeld gelegt, bleibt eine Isotherme übrig, denn mit der Wahl von p sind gleichzeitig T und x_i fixiert. Allerdings lassen sich die drei Phasenzusammensetzungen nicht direkt ablesen.[1]) Die Temperaturen der Phasengleichgewichte und die Abfolge der Phasen sind dagegen unmittelbar zu entnehmen (vgl. Abb. 4.24). Für eine eingehendere Betrachtung der Verhältnisse vgl. z. B. ROOZEBOOM; LEVINSKIJ.

Im binären System können maximal 4 Phasen miteinander im Gleichgewicht stehen, wenn die Dampfphase berücksichtigt wird (vgl. (2.17)).[2]) Drei Phasen bilden ein univariantes Gleichgewicht, i. allg. durch eine Kurve im p-T-X-Raum dargestellt. Projektionen derartiger Gleichgewichtslinien in die T-X-Ebene enthalten dann den Gesamtdruck p als Parameter (vgl. Abb. 4.23). Die Dampfphase ist am Gleichgewicht beteiligt.

Der hohe Dampfdruck leicht flüchtiger Komponenten entsteht infolge des starken Zerfalls der Verbindungen. Man nennt ihn auch Dissoziationsdruck.

4.2. p-T-Diagramme

Das p-T-Diagramm des Systems der Abb. 4.25 erhält man durch Projektion aller Linien monovarianten Gleichgewichtes auf eine p-T-Ebene. Dabei werden alle Linien der einkomponentigen Randsysteme $X = 0$ und $X = 1$ unmittelbar übernommen. Unter den Linien des echten Zweikomponentensystems werden dagegen nur diejenigen abgebildet, die einem Dreiphasengleichgewicht entsprechen, und damit monovariant sind. Die letzteren sind isobar-isotherme Geraden. Sie erscheinen als Punkte in der p-T-Ebene. Die Gesamtheit dieser Punkte bildet die Linie des Dreiphasengleichgewichts (vgl. Abb. 4.27).

Wie schon in 4.1 wollen wir Schnitte $X = $ const von Projektionen auf die p-T-Ebene unterscheiden und

---

[1]) Die Phasenzusammensetzung werden auf den drei Schnittlinien $A - A'$ in Abb. 4.25 abgelesen.

[2]) Man stelle sich den Kolben von Fußn. 1 Seite 62 von der kondensierten Phase abgehoben vor. Es kann sich nun eine Dampfphase unter Gleichgewichtsdruck ausbilden.

wegen ihrer praktischen Bedeutung die letzteren eingehender an Beispielen betrachten. Abb. 4.28 zeigt den typischen Verlauf für ein System mit zwei flüchtigen Komponenten. Der Partialdruck der einen (Hg) ist stets weit höher als der der anderen Komponente (Te_2).

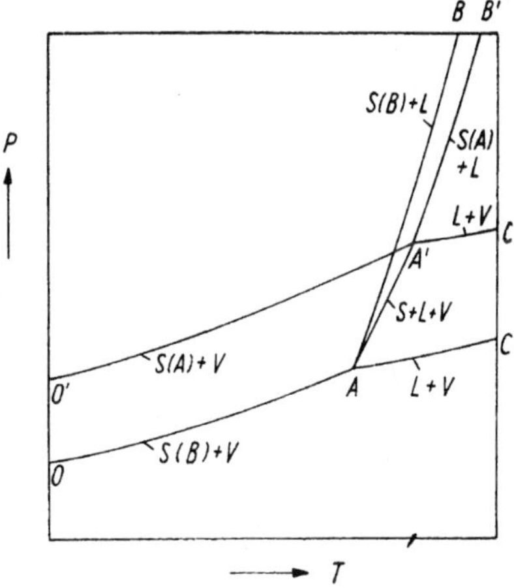

Abb. 4 27. p-T-Diagramm zum System der Abb. 4.25. Die Verbindungslinie der Tripelpunkte AA' bezeichnet das Gleichgewicht von fester, flüssiger und dampfförmiger Phase. Die übrigen Linien stellen die Druck-Temperatur-Beziehungen von Zweiphasengleichgewichten dar.

Der Dampf über der Phase HgTe besteht zudem im wesentlichen aus den Elementen.

Die ausgezogenen Kurven in Abb. 4.28 sind geometrische Orte des 3-Phasen-Gleichgewichts, die die Grenzen des Partialdruckes p_{Hg} oder p_{Te_2} angeben, innerhalb dessen kristallines HgTe als stabile Phase existieren kann. Der wesentliche Unterschied zu Darstellungen vom Typ der Abb. 3.3 besteht darin, daß hier ein 3-Phasen-Gleichgewicht vorliegt und sich die chemische Zusammensetzung der im Gleichgewicht befindlichen Phase $Hg_{1-\xi}Te_{1+\xi}$[1])

---

[1]) Der Parameter ξ mißt die Abweichung von der stöchiometrischen Zusammensetzung.

und des gesamten Systems (s. Meßpunkte) längs der
Kurve ändert.[1])

Der maximale Schmelzpunkt der kristallinen Phase
beträgt 943 K. Oberhalb dieser Temperatur sind nur
Schmelze L und Dampf V im Gleichgewicht möglich.

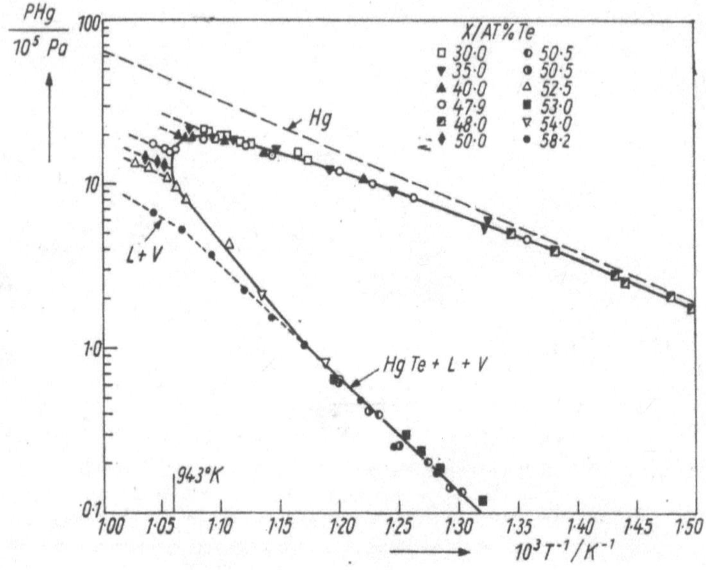

Abb. 4.28 (a). Partialdruck von Hg-Dampf p_{Hg} im Gleichgewicht mit Schmelze
L und intermetallischer Verbindung des Systems Hg—Te in Ab-
hängigkeit von der reziproken Temperatur des Systems.

Die gestrichelten Linien in Abb. 4.28 geben die Siedekurven für verschiedene Zusammensetzungen des Systems
an. Zum Vergleich sind die Dampfdruckkurven der Elemente Hg und Te_2 angegeben. Auffällig ist der große
Druckunterschied zwischen Hg- und Te-reichen Legierungen.

____

[1]) Diese Änderung wird durch Kristallbaufehler auf Hg- bzw. Te-Plätzen in
der Struktur stabilisiert.

Innerhalb des Existenzfeldes einer festen Phase lassen sich in der *p-T*-Darstellung noch Linien gleicher chemischer Zusammensetzung $X = \text{const}$ angeben, wie z. B. in Abb. 4.29. Trotz der geringen Konzentrationsunterschiede gelingt eine derartige Messung über die empfind-

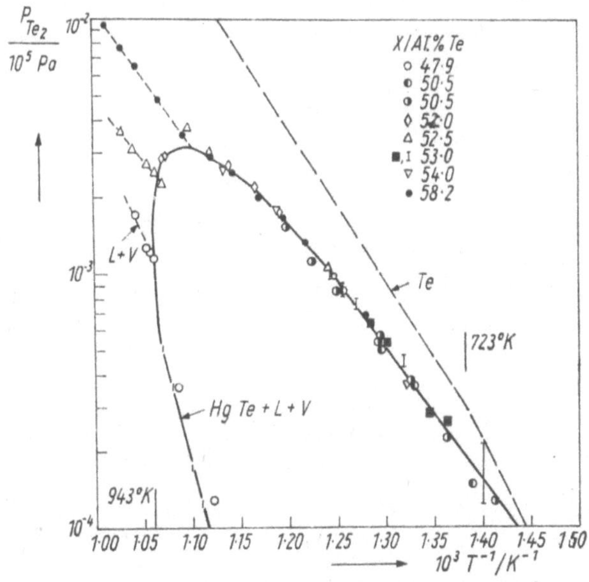

(b) Desgl. für den Partialdruck von Te_2-Dampf p_{Te_2}, der wesentlich unter p_{Hg} liegt (nach BREBRICK, STRAUSS).

lich von X abhängigen Ladungsträgerkonzentrationsbestimmungen.

Die Berücksichtigung der gasförmigen Phasen ist für die Festkörperforschung auch im Zusammenhang mit Systemen Festkörper—Wasserstoff, Sauerstoff, Stickstoff u. a. bedeutsam geworden. In 4.3 betrachten wir ein Beispiel. Dort ist auch das zugehörige *p-T*-Diagramm angegeben (Abb. 4.32).

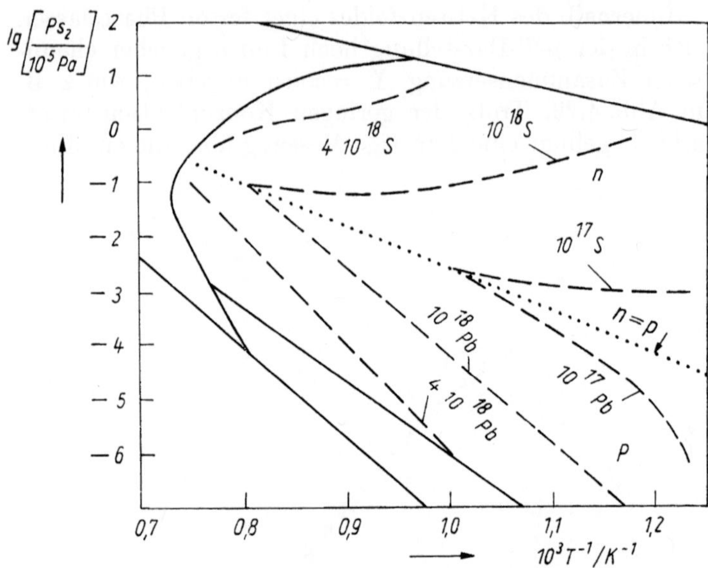

Abb. 4.29. p-T-Diagramm von Pb—S. Es ist der Dissoziationsdruck von Schwefel p_{S_2} aufgetragen. Die ausgezogenen Linien begrenzen den Homogenitätsbereich analog zu Abb. 4.28. Gestrichelt dargestellt wurden Kurven gleicher Zusammensetzung innerhalb des Homogenitätsbereiches und damit gleichen Leitungstyps. Die Zahlenangaben beziehen sich auf den Schwefel-(S) bzw. Blei-(Pb) Überschuß gegenüber der stöchiometrischen Zusammensetzung (in Atomen pro cm³). Letztere ist strichpunktiert eingetragen. Auf dieser Kurve sind p- und n-Ladungsträgerkonzentrationen gleich (nach GORELIK, DAŠEVSKIJ).

4.3. p-X-Diagramme

Isotherme Schnitte des p-T-X-Diagramms sowie Projektionen eines solchen Diagramms in die p-X-Ebene sind mit ähnlichen Problemen verknüpft wie die Darstellungen in 4.1.4 und 4.2. Wegen ihrer Bedeutung im Bereich der Festkörper-Gas-Systeme soll am Beispiel Nd—H der Informationsgehalt aller drei Darstellungsarten nebeneinander demonstriert werden. Wasserstoff löst sich in erheblichem Umfang in α-Neodym

(Mg-Typ) und β-Neodym (W-Typ) und bildet intermediäre Phasen γ-Nd—H und NdH_2. In Abb. 4.30 ist die Projektion der Linien maximaler Löslichkeit in die T-X-Ebene dargestellt. Der maximale Wasserstoffdruck im Gleichgewicht unter den Bedingungen der Abb. 4.30

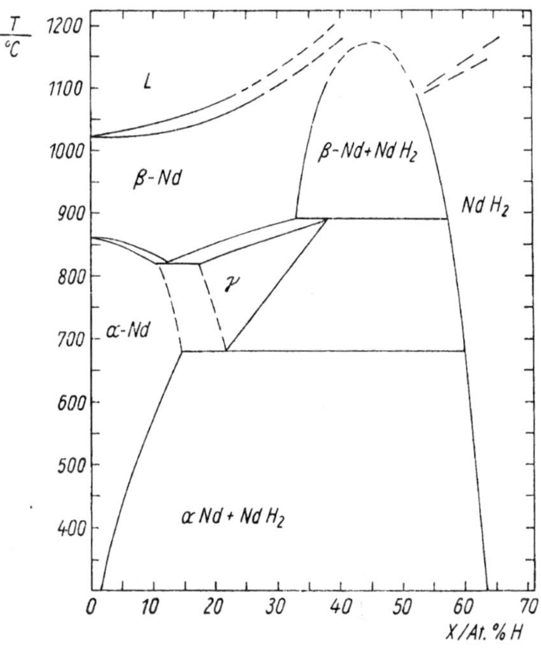

Abb. 4.30. T-X-Diagramm des Systems Nd—H als Projektion der Linien maximaler Löslichkeit (nach PETERSON, POSKIE, STRAATMANN).

betrug 6,399 kPa. Demnach kann man das T-X-Diagramm für Drücke $p \gg 6$ kPa (also z. B. für Atmosphärendruck $p \approx 100$ kPa) als isobaren Schnitt betrachten. Für kleine p wäre das nicht möglich. Ein isobarer Schnitt $p = 9{,}8$ Pa ist in Abb. 4.31 gegeben. Die Phasengrenzen sind deutlich verschoben. Dreiphasengleichgewichte werden wiederum durch Isothermen markiert (vgl. 4.1.4.). Das p-T-Diagramm des Systems ist in Abb. 4.32

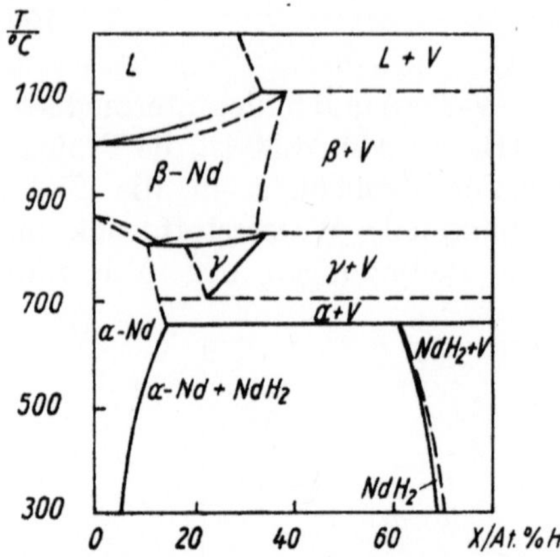

Abb. 4.31. *T-X*-Diagramm des Systems Nd–H als isobarer Schnitt bei $p = 9{,}8$ Pa, *V* Gasphase (nach LEVINSKIJ).

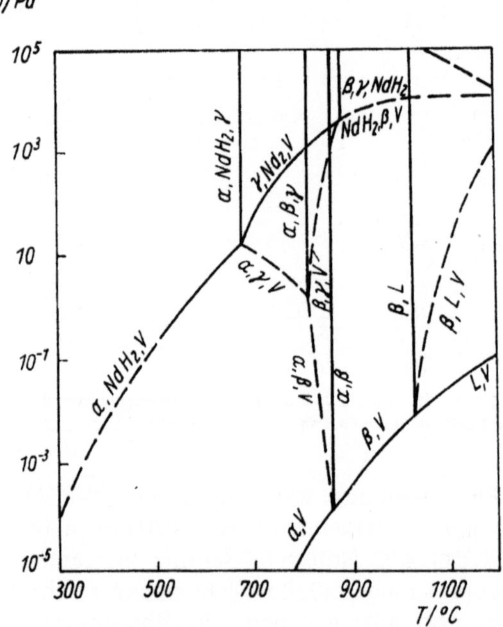

Abb. 4.32. *p-T*-Diagramm des Systems Nd–H (nach LEVINSKIJ). Entlang der Linien des Diagramms befinden sich jeweils die angegebenen Phasen miteinander im Gleichgewicht. Wo sich drei oder vier Linien treffen, liegen Vierphasengleichgewichte vor.

wiedergegeben. Vierphasengleichgewichte (wie z. B. $\alpha-\gamma$ $-NdH_2-V$ oder $\alpha-\beta-\gamma-V$, $V=$ Gasphase) werden als Punkte abgebildet.

Der isotherme Schnitt $p-X$ hat für $T=840\,°C$ die Form der Abb. 4.33. Bei einem Druck $p\approx 1961$ Pa zerfällt die Phase NdH_2 in γ und Gasphase. Unter Bedingungen extrem niedrigen Druckes ist bei der angegebenen Temperatur nur noch die Gasphase die stabile.

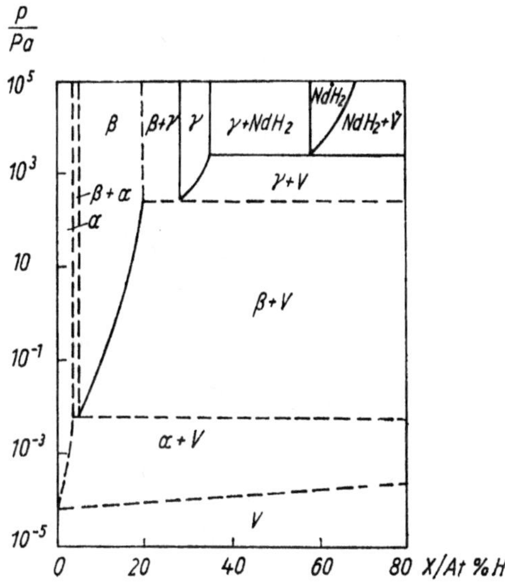

Abb. 4.33. Isothermer Schnitt durch das Phasendiagramm des Systems Nd – H bei $T=840\,°C$ [nach LEVINSKIJ].

5. Phasendiagramme dreikomponentiger Systeme

Zur Kennzeichnung des Zustandes im ternären System $A-B-C$ sind die Variablen p, T, X_A und X_B zu verwenden. Der Molenbruch der dritten Komponente C liegt damit wegen $X_C=1-X_A-X_B$ (vgl. (1.3A)) fest. Von den 4 Variablen werden drei in räumlicher Darstellung (gegenständliche Modelle oder perspektivische ebene Zeichnungen[1])) oder zwei in ebener gegeneinander aufgetragen. Für quantitative Betrachtungen werden ebene Schnitte $p, T = \text{const}$ oder $p, X_i = \text{const}$ bevorzugt. Eingehende Darstellungen sind von MASING; HANSEN, BEINER; TAMÁS, PÁL; REISMAN; VOGEL; JÄNECKE gegeben worden.

5.1.   *Darstellungsformen*

Die Darstellung des Phasenzusammenhangs bei $p, T = \text{const}$ erfolgt entweder in den rechtwinkligen Koordinaten $X_A/X_C - X_B/X_C$ oder weit häufiger in Dreieckskoordinaten. Im ersten Falle wird eine Komponente hervorgehoben. Systeme, die diesen Bestandteil nicht enthalten ($X_C = 0$), werden im Unendlichen abgebildet.[2]) `

5.1.1.   *Gibbssches Dreieck*

Soll keine der Komponenten ausgezeichnet werden, empfiehlt sich die Auftragung in Dreieckskoordinaten. Sie macht von dem Satz Gebrauch, wonach die Summe der Abstände eines Punktes Q von den drei Seiten des gleichseitigen Dreiecks gleich der Höhe h des Dreiecks ist (Abb. 5.1). Wird die letztere gleich Eins (oder 100%) gesetzt, dann sind die drei linear geteilten Höhen einfache Konzentrationsmaßstäbe. Das Dreieck heißt Gehaltsdreieck, Konzentrationsdreieck oder GIBBSsches Dreieck. Jede Ecke des Dreiecks stellt eine der drei Komponenten A, B oder C dar. Die Dreieckseiten repräsentieren die drei binären Teilsysteme $A-B$, $B-C$, $C-A$. Der Abstand eines Zustandspunktes zu der der Komponente i gegenüberliegenden Seite $j-k$ gibt den Molenbruch X_i an. Alle Systeme, deren Zustandspunkte auf einer Parallelen zu einer der drei Dreieckseiten $j-k$

---

[1]) Darunter finden sich auch Raumbilder (Anaglyphen), vgl. z B. TAMÁS, PÁL.

[2]) Wir beschränken uns auf kondensierte Systeme. Es gilt (2.19).

liegen, haben von der letzteren den gleichen Abstand und somit den gleichen Gehalt X_i. Eine Gerade von einer Ecke des Dreiecks zur gegenüberliegenden Seite hat die Eigenschaft, daß das Verhältnis der Abstände jedes Punktes auf der Geraden zu den beiden anderen

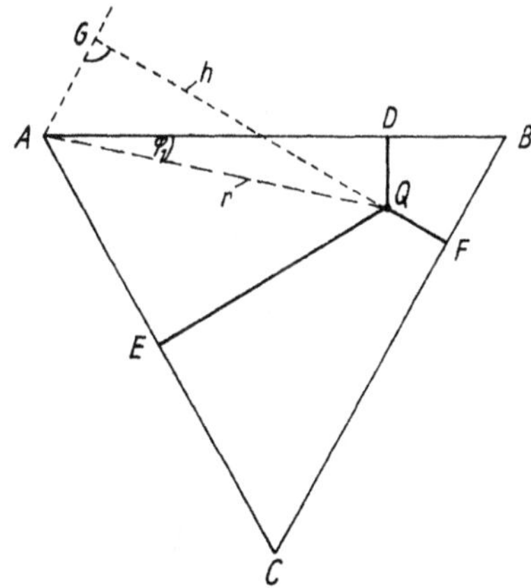

Abb. 5.1. Zum Gehaltsdreieck ABC. Für die Summe der Abstände des Punktes Q zu den Seiten des gleichseitigen Dreiecks gilt $\overline{QD} + \overline{QF} + \overline{QE} = r \sin \varphi_1 + (h - r \sin (60° + \varphi_1)) + r \sin (60° - \varphi_1) = h \equiv \overline{GF}$, wobei $\overline{AG}$ eine Parallele zu $\overline{CB}$ ist. Setzt man $h = 1$ und $\overline{QD} = X_C$, $\overline{QF} = X_A$, $\overline{QE} = X_B$, dann ist für jeden Punkt der Dreiecksfläche $X_A + X_B + X_C = 1$.

Dreieckseiten konstant ist. Binäre Systeme $A-B$, denen bei festem Verhältnis X_A/X_B eine dritte Komponente zugefügt wird, liegen sämtlich auf Geraden durch C.

Die Normierung der Dreieckhöhen auf 1 ist der Normierung der Dreiecksseiten gleichwertig (Abb. 5.2). Zur Erleichterung der Ablesung wird oft ein Netz von Dreieckskoordinaten eingetragen. Werte X_i bzw. x_i werden an den Schnittpunkten abgelesen, die Parallelen zur Dreieckseite $j-k$ auf den Dreieckseiten erzeugen.

Auch in ungleichseitigen Dreiecken lassen sich jedem Punkt im Inneren drei Koordinaten auf den Seiten zu-

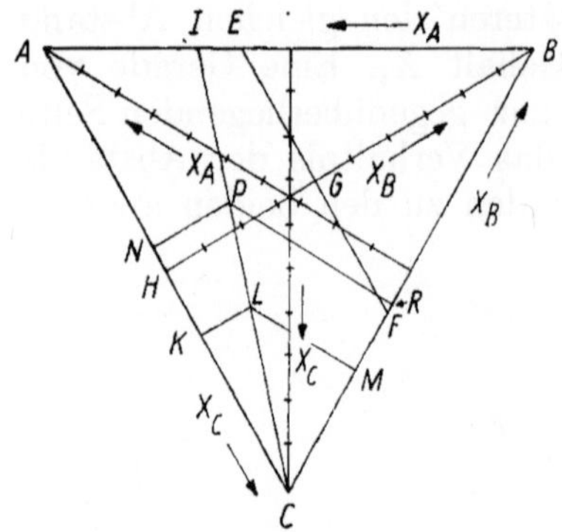

Abb. 5.2. Gehaltsdreieck des Systems $A-B-C$. Die Dreieckshöhen können als Koordinaten X_i verwendet werden. Für alle Punkte auf EF ist $X_B = 0{,}4 = $ const. Wegen $\overline{GH}/\overline{BH} = \overline{FC}/\overline{BC}$ läßt sich die X_B-Skala auch auf der Dreieckseite anbringen. Analoges gilt für X_A und X_C. Längs der Geraden $\overline{CI}$ sind Verhältnisse vom Typ $\overline{PN}/\overline{PR} = \overline{LK}/\overline{LM} = X_B/X_A$ konstant. Entsprechendes trifft für Geraden durch die Ecken B und A zu

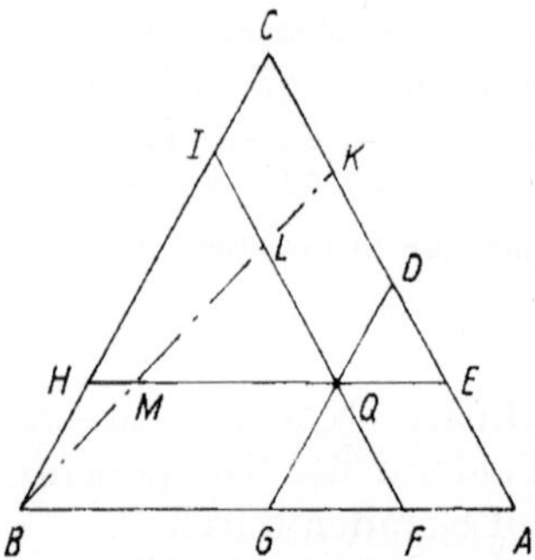

Abb. 5.3. Angabe der Zusammensetzung des Punktes Q bezüglich der Bestandteile A, B und K (Untersystem zu A, B, C). X_B denke man sich nun zwischen K und B aufgetragen, es hat demnach den Wert $\overline{LK}/\overline{BK}$. X_K laufe zwischen A und K, d. h. in Q nehme es den Betrag $\overline{EA}/\overline{AK}$ an. Wegen $\overline{EA}/\overline{AK} = \overline{BM}/\overline{BK}$ und $X_A + X_K + X_B = 1$, ist schließlich $X_A = 1 - \overline{BM}/\overline{BK} - \overline{LK}/\overline{BK} = \overline{ML}/\overline{BK}$. Dreht man $\overline{GQD}$ solange um Q, bis diese Gerade parallel zu $\overline{BK}$ liegt, lassen sich die X_A, X_B, X_K auch auf $\overline{BA}$ und $\overline{KA}$ ablesen.

ordnen, die zwischen 0 und 1 variieren. Davon wird häufig Gebrauch gemacht, wenn Untersysteme eines dreikomponentigen Phasendiagramms zu untersuchen sind (vgl. Abb. 5.3), oder wenn nur die Verhältnisse in der Umgebung einer Dreieckseite interessieren.

5.1.2. Ternärer Körper

Ein gerades Prisma mit dem GIBBSschen Dreieck als Basis und der Temperaturachse als Kante bildet das Raumdiagramm oder den ternären Körper. Stabilitätsbereiche von Phasen sind untereinander durch Flächen getrennt. Beispielsweise schließen Liquidus- und Solidusfläche das Koexistenzgebiet von flüssiger und fester Phase ein. Durch Linien konstanter Temperatur kann die Topologie derartiger Flächen in perspektivischer Darstellung sichtbar gemacht werden (Abb. 5.4).

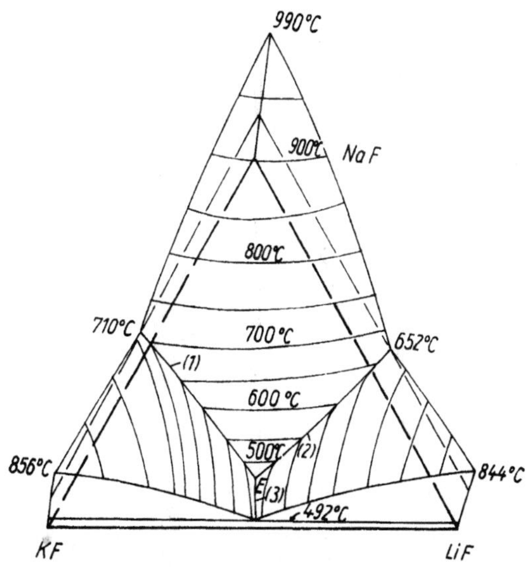

Abb. 5.4. Raumdiagramm des Systems KF−NaF−LiF mit einfachem Eutektikum E und ohne ternäre Verbindung in perspektivischer Darstellung. Die Form der Liquidusfläche ist anhand der Isothermen zu erkennen. Die Temperatur in E beträgt 454°C (nach TAMÁS, PÁL).

Im allg. sind die zu einem ternären System gehörenden binären Randsysteme besser bekannt als das ternäre selbst. Daher wird das Raumdiagramm oft von den bekannten Seitenflächen des X_1-X_2-X_3-T-Prismas aus konstruiert oder erraten. Isothermen Schnitten durch das Raumdiagramm (vgl. 5.1.3) werden häufig die T-X_i-Diagramme der Randsysteme zur Orientierung beigegeben (Abb. 5.16).

5.1.3.   Isotherme Schnitte

Für quantitative Überlegungen sind perspektivische Darstellungen vom Typ des Abschn. 5.1.2. wenig geeignet. Man verwendet vielmehr ebene Schnitte durch das räumliche Diagramm, z. B. Schnitte $T = \text{const.}$[1]) Abb. 5.5

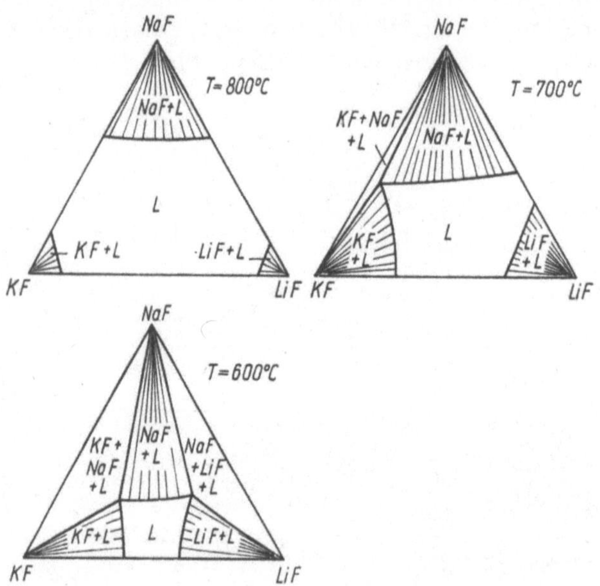

Abb. 5.5. Isotherme Schnitte durch das Raumdiagramm des Systems KF—NaF—LiF (vgl. Abb. 5.4) für drei verschiedene Temperaturen (nach TAMÁS, PÁL). Dünn ausgezogene Linien sind Konoden.

---

[1]) Diese Schnitte sind wiederum streng zu unterscheiden von Projektionen des Raumdiagramms in die X_1-X_2-X_3-Ebene.

enthält einige dieser isothermen Schnitte durch den ternären Körper der Abb. 5.4, die eine Übersicht über koexistierende Phasen bei der betreffenden Temperatur zu gewinnen gestatten. Man erkennt einmal die in Abb. 5.4 bereits eingetragenen Höhenlinien, die als Schnittkurven der Liquidusflächen mit Ebenen $T = \text{const}$ zu verstehen sind und den Einphasenraum der Schmelze L von Zweiphasenräumen trennen. Nach (2.19) können im nonvarianten Gleichgewicht 4 Phasen nebeneinander existieren, im divarianten z. B. zwei. Dreieckförmige Dreiphasenräume werden in Abb. 5.5 sichtbar, nachdem die höchste eutektische Temperatur der Randsysteme unterschritten wurde. Außerdem enthält jeder Zweiphasenraum fächerförmig angeordnete Konoden, die die Natur und Zusammensetzungen der koexistierenden Phasen festlegen. Diese Konoden werden experimentell ermittelt, sie sind nicht durch die Form der Höhenlinien bestimmt.[1]

Eine angenäherte Vorstellung von der Temperaturabhängigkeit isothermer Schnitte erhält man schon, wenn einem derartigen Schnitt die umgeklappten T-X-Diagramme der Randsysteme beigefügt werden (s. Abb. 5.16).

5.1.4. Schwerpunktsatz

Die Mengenanteile der Phasen im Zweiphasenraum werden nach dem Hebelgesetz (2.14) bestimmt, das wir z. B. für die Phasen α und L in einem beliebigen System wegen (1.3 B) in der Form

$$\frac{N^{(\alpha)}}{N^{(L)}} = \frac{x_k^{(\alpha)} - X_k}{X_k - x_k^{(L)}} \tag{5.1}$$

schreiben können. X_k ist der Molenbruch des Systems bezüglich der Komponente k und $x_k^{(\alpha)}$, $x_k^{(L)}$ sind die Mengenanteile der Komponente k in den Phasen α und L.

---

[1] Zur Festlegung der Konodenrichtung vgl. auch Abb. 5.27.

8*

Die letztgenannten Größen werden an den beiden Endpunkten derjenigen Konode abgelesen, die durch den betrachteten Zustandspunkt X_1, X_2, X_3 läuft.

Die Phasenmengen $N^{(1)}$, $N^{(2)}$ und $N^{(3)}$ in einem Dreiphasenraum werden ebenso auf der Grundlage von (1.3B) berechnet. In einem solchen Fall erhält man nach Separation der gesuchten Größen $N^{(\varphi)}$

$$N^{(1)}(X_k - x_k^{(1)}) + N^{(2)}(X_k - x_k^{(2)})$$
$$+ N^{(3)}(X_k - x_k^{(3)}) = 0 \qquad (k = A, B, C). \qquad (5.2)$$

(5.2) wird als Schwerpunktsatz bezeichnet, da es für diese Beziehung eine dem Hebelgesetz analoge Interpretation aus der Mechanik gibt.[1])

Der Dreiphasenraum wird nämlich von drei Konoden begrenzt, die die Zustandspunkte der stabilen Phasen des Systems

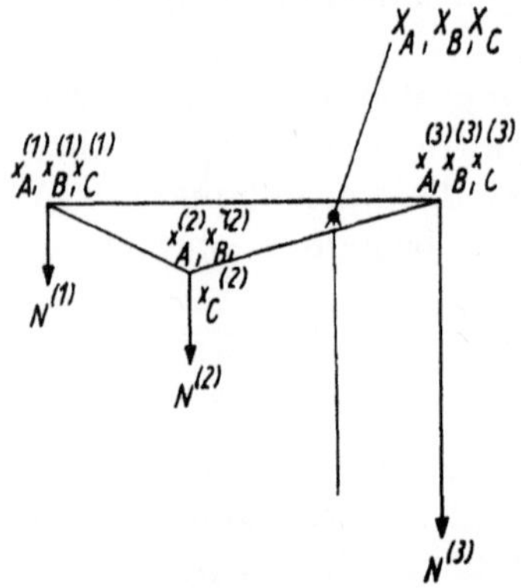

Abb. 5.6. Interpertation von Gl. (5.2) als Schwerpunktsatz. Wird das Dreieck im Zustandspunkt X_A, X_B, X_C unterstützt, herrscht mechanisches Gleichgewicht. Die Eckpunkte des Konoden-Dreiecks sind durch die Phasenzusammensetzungen $x_k^{(1)}$, $x_k^{(2)}$ und $x_k^{(3)}$, $k = A, B, C$ gegeben. Je dichter der Zustandspunkt des Systems an einem der drei Phasenzustandspunkte liegt, desto größer ist die Menge der betreffenden Phase im System. Liegt X_1, X_2, X_3 auf einer Konode (Dreieckseite), verschwindet die Menge der gegenüberliegenden Phase.

---

[1]) (5.2) läßt sich unmittelbar auf 4-, 5-, ... Phasen-Gleichgewichte erweitern.

untereinander verbinden. An den Ecken dieser Dreiecksfläche denke man sich die Mengen $N^{(1)}$, $N^{(2)}$, $N^{(3)}$ als mengenproportionale Kräfte in gleicher Richtung senkrecht zur Dreiecksfläche wirkend angebracht. Dann herrscht mechanisches Gleichgewicht, wenn das Dreieck im Zustandspunkt X_1, X_2, X_3 (Schwerpunkt des Dreiecks) mit einer in Gegenrichtung wirkenden Kraft gestützt wird (Abb. 5.6). Der Satz (5.2) läßt sich leicht auf Zustände mit mehr als drei Phasen und Komponenten erweitern, stellt er doch im Grunde nur den Erhaltungssatz der systembildenden Teilchen dar.

5.1.5. *Zur Konzentrationsebene senkrechte Schnitte*

Isothermen Schnitten (vgl. 5.1.3.) haftet der Nachteil an, daß sie die Temperaturen von Phasenumwandlungen nicht zeigen. Daher werden neben isothermen auch polytherme Schnitte senkrecht zur Ebene $T = $ const, mitunter als Gehaltsschnitte bezeichnet, angewandt. Sie erinnern in ihrer Form an die T-X-Diagramme binärer Systeme (vgl. 4.1), unterscheiden sich aber insofern wesentlich von diesen, als sie keine Phasengleichgewichte charakterisieren, also z. B. die Zusammensetzungen der im Diagramm verzeichneten Phasen nicht abzulesen gestatten. Dagegen läßt sich dem Gehaltsschnitt entnehmen, welche Phasengleichgewichte ein System bei Abkühlung durchläuft.

Werden in einem ternären System von den Komponenten paarweise Verbindungen gebildet, die als unabhängige Bestandteile des Systems fungieren, dann wird ein Gehaltsschnitt durch eine derartige Verbindung und eine Komponente oder durch zwei Verbindungen pseudobinär genannt. In einem solchen Falle können Phasenzusammensetzungen aus dem Diagramm entnommen werden.

Gewöhnlich werden zwei Arten von Gehaltsschnitten bevorzugt. Die einen laufen durch einen Eckpunkt des GIBBSschen Dreiecks (vgl. $\overline{IC}$ in Abb. 5.2), die anderen parallel einer Dreieckseite (vgl. $\overline{EF}$ in Abb. 5.2). Wie

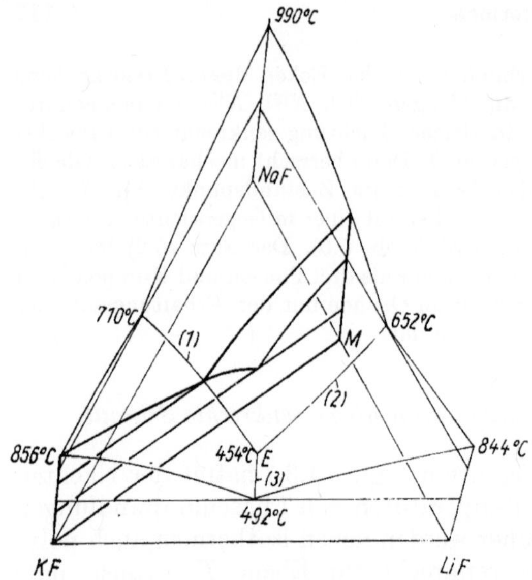

Abb. 5.7. Gehaltsschnitt (stark ausgezogen) durch das System KF − NaF − LiF (vgl. Abb. 5.4).

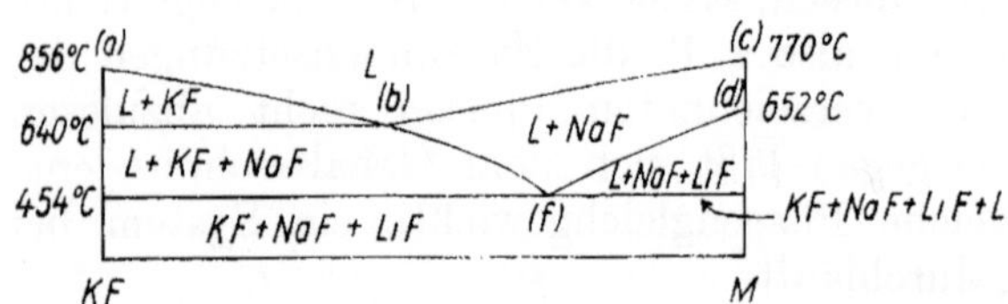

Abb. 5.8. Der gleiche Schnitt wie in Abb. 5.7 mit Angabe der Phasen, die sich im Gleichgewicht miteinander befinden. Die Linie $(a)-(b)-(c)$ bestimmt die Temperatur, bei der der Zustandspunkt im Verlaufe der Abkühlung die Liquidusfläche erreicht. Damit ist die untere Grenze des Schmelzphasenraumes L markiert. Beim Unterschreiten dieser Temperatur kristallisiert KF oder NaF aus. Der Zustandspunkt der Schmelze wandert bei weiterer Abkühlung in Richtung auf die zugehörige Liquidusschnittlinie zu. Das ist je nach Systemzusammensetzung die Liquidusschnittlinie (1) oder (2) in Abb. 5.7. (Zur Zuordnung vgl. Abb. 5.10). Reines KF bildet eine Ausnahme und erstarrt bei 856 °C vollständig. Weitere Abkühlung läßt die Zustandspunkte der Schmelze auf ihren zugehörigen Liquidusschnittlinien (1) oder (2) zum ternären eutektischen Punkt E wandern, der bei $T = 454$ °C erreicht ist. Unterschreiten dieser Temperatur hat für alle Zusammensetzungen vollständiges Erstarren zur Folge.

schon in 5.1.1. erwähnt, ist im ersten Fall X_A/X_B, im zweiten X_B konstant. Abb. 5.7 und Abb. 5.8 zeigen einen Schnitt senkrecht zur Konzentrationsebene des Systems der Abb. 5.4.

5.1.6. Kristallisationsgang und Projektionen in die X_k-Ebene

Wir betrachten die Vorgänge bei der Abkühlung am Beispiel eines Systems vom Typ der Abb. 5.4 (s. Abb. 5.9). Die Erstarrung beginnt im Punkt 2, wo der Zustands-

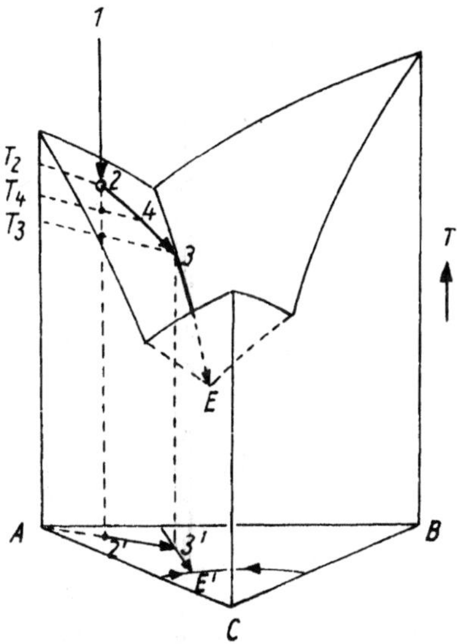

Abb. 5.9. Form der Liquidusfläche im ternären System $A - B - C$ und Kristallisationsbahn eines Systems der Zusammensetzung 1 aus der Schmelze.

punkt des Systems durch die Liquidusfläche hindurchtritt. Da sich Kristalle von A bilden, verarmt die Restschmelze an A. Der Zustandspunkt der Schmelze verschiebt sich nach Punkt 3 in Abb. 5.9, wobei für jeden Punkt zwischen 2 und 3 gilt, daß er auf der jeweiligen

zur Systemzusammensetzung 2—2′ gehörigen Konode
liegen muß, die im vorliegenden Falle der Unlöslichkeit
von A zudem noch durch A läuft. Im Punkt 3 erreicht
der Zustandspunkt der A-reichen Schmelze die Schnitt-
linie zweier Liquidusflächen (eutektische Rinne oder

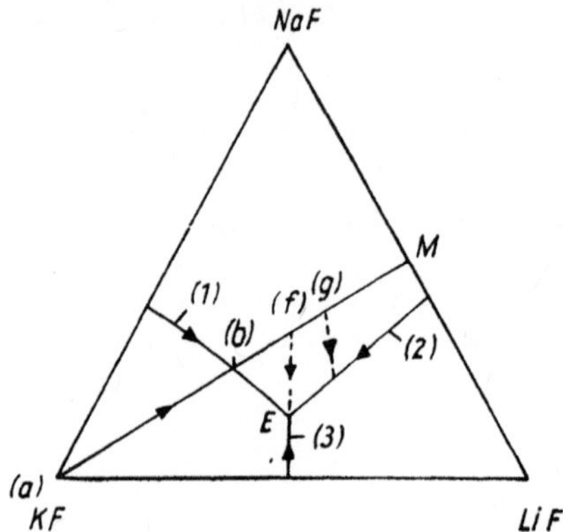

Abb. 5.10. Projektion der Liquidusschnittlinien (1), (2) und (3) von Abb. 5.7
in die Konzentrationsebene. Die Spur des Gehaltsschnitts der
Abb. 5.7 ist ebenfalls eingetragen. Hat das System eine Zusammensetzung, die zwischen (a) und (b) liegt, dann wandert der Zustandspunkt der Schmelze beim Abkühlen längs (a)—(b) nach (b) und
von da auf (1) nach E. Ausgangszusammensetzungen zwischen (b)
und (f) wandern nach (1) und weiter nach E, wobei (f) entlang des
punktierten Pfades direkt nach E gelangt. Systemzusammensetzungen zwischen (f) und M, wie z. B. (g) haben einen Kristallisations-
gang über die Liquidusschnittlinie (2) nach E zur Folge (vgl. auch
Abb. 5.7).

Liquidusschnittlinie). Damit tritt eine neue Phase B
auf. Während im binären System die Kristallisation zweier
Phasen im nonvarianten Gleichgewicht vor sich geht,
liegt hier ein Freiheitsgrad mehr vor. Weitere Abkühlung
verschiebt den Zustandspunkt der Restschmelze in
Richtung E. Dort beginnt auch noch die Kristallisation
von C, wegen (2.19) liegt nonvariantes Gleichgewicht
vor (ternärer eutektischer Punkt). Die Restschmelze
erstarrt isotherm.

Um den Gang der Kristallisation beurteilen zu können, ist es offenbar bequem, die Isothermen der Liquidusflächen und Liquidusschnittlinien in das gleiche Gehaltsdreieck zu projizieren. In Abb. 5.9 würde der Pfad $2'-3'-E'$ durchlaufen. Zum Verständnis von Abb. 5.8 betrachte man daraufhin Abb. 5.10.

5.1.7. Zustandsräume

Auch in Dreikomponentensystemen unterscheiden wir Ein- und Mehrphasenräume. In Zwei- und Dreiphasenräumen existieren keine homogenen Phasen, sondern vielmehr zwei oder drei Phasen, deren Zusammensetzungen auf den Begrenzungsflächen der betreffenden Räume abgelesen werden müssen. In Abb. 5.9 zum Beispiel liest man die Zusammensetzung der Schmelze bei der Temperatur T_4 im Schnittpunkt der Konode durch den Zustandspunkt des Systems (der auf $2-2'$ liegt) mit der Liquidusfläche ab, also bei 4.

Die Begrenzungsflächen der Zustandsräume (auch als Zustandsflächen bezeichnet) wurden in den bisherigen Abbildungen aus Gründen der Übersicht nicht vollständig angegeben. Das soll nun nachgeholt werden. Betrachten wir ein System vom Typ der Abb. 5.4. In der rechten vorderen Ecke liegt der Zweiphasenraum von LiF und Schmelze, der nach oben durch die Liquidusfläche (dargestellt durch die Isothermen) und nach den Seiten durch die beiden Zweiphasenflächen der binären Randsysteme LiF—NaF und LiF—KF jeweils bis zu deren eutektischen Punkten bei 652°C und 492°C begrenzt ist. Die Begrenzung nach unten ist nicht eingetragen und ergibt sich aus der Gesamtheit der Konoden, die die Liquidusschnittlinien (2) und (3) einerseits und die Komponente LiF andererseits verbinden. (s. Abb. 5.11). Damit erklärt sich auch das Zustandekommen der Kurvenzüge (b)—(f) und (f)—(d) in Abb. 5.8.

Die Form des Dreiphasenraumes läßt sich nun ebenfalls beschreiben. Im Beispiel der Abb. 5.7 ist der Dreiphasenraum $L + KF + NaF$ von zwei der oben beschriebenen Schraubenflächen begrenzt, die eine mit „Drehachse" KF, die andere mit „Drehachse" NaF. Beide schneiden sich in der Liquidusschnittlinie (1). Nach der Seite begrenzt diesen Raum die T-X-Ebene des binären Systems KF—NaF und nach unten die

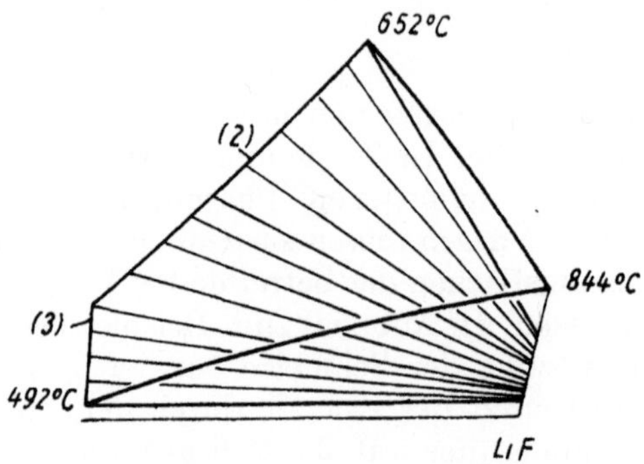

Abb. 5 11. Ausschnitt aus dem Raumdiagramm der Abb. 5.4 bzw. 5 7 zur Darstellung der unteren Begrenzungsfläche (Schraubenfläche) des Zweiphasenraumes LiF-Schmelze. Sie wird aus Konoden gebildet, die durch LiF und die Liquidusschnittlinien (2) und (3) laufen.

Ebene des ternären Eutektikums KF—NaF—LiF—L (454 °C). Aus dem Charakter der Schraubenflächen folgt, daß jeder isotherme Schnitt eines Dreiphasenraumes Dreieckgestalt besitzen muß (vgl. Abb. 5.5).[1] Die Phasenzusammensetzungen werden durch die Ecken des Dreiecks im isothermen Schnitt bestimmt, die Phasenmengen nach (5.2).

Nach (2.19) ist das Vierphasengleichgewicht des ternären Eutektikums ein nonvariantes. Die Zusammensetzungen aller Phasen sind festgelegt.

Der räumliche Zusammenhang von Zustandsräumen wird von einer Gesetzmäßigkeit beherrscht, die vor allem

---

[1] Das gilt natürlich auch für den unterhalb der Ebene des ternären Eutektikums liegenden Dreiphasenraum.

auch zur Kontrolle isothermer und Gehalts-Schnitte nützlich ist. Danach kann ein Zustandsraum nur an andere entlang einer Fläche grenzen, wenn sich die Phasenanzahl der angrenzenden Räume um Eins unterscheidet (MASING)[1]).

5.2. *Typische Formen der Phasendiagramme dreikomponentiger Systeme*

Wir geben im folgenden eine Übersicht über wichtige Typen, werden sie aber aus Raumgründen nicht im einzelnen erörtern. Dazu sei auf MASING; HANSEN, BEINER; JÄNECKE verwiesen. Bei der Behandlung binärer Systeme hatten wir vollständige Mischbarkeit, begrenzte Mischbarkeit und intermediäre Phasen unterschieden. Wir klassifizieren im folgenden die dreikomponentigen Systeme nach den Typen der zweikomponentigen Randsysteme.

5.2.1. *Vollständige Mischbarkeit*

Wenn alle drei Komponenten in beliebigen Mengenverhältnissen mischbar sind, entsteht im einfachsten Falle ein Raumdiagramm der Form der Abb. 5.12. Die Einphasenräume von Schmelze L und Mischkristall α sind durch einen kissenförmigen Zweiphasenraum $\alpha + L$ getrennt. Dieser wird nach oben von der Liquidus-, nach unten von der Solidusfläche und nach den Seiten durch die drei binären Zweiphasenflächen begrenzt.[2])

---

[1]) Daß in Abb. 5.8 ein Dreiphasenraum L + KF + NaF an einen anderen Dreiphasenraum KF + NaF + LiF grenzt, steht nur in scheinbarem Widerspruch hierzu. Dazwischen liegt nämlich ein zu einer Ebene entarteter Vierphasenraum KF + NaF + LiF + L. Neben dem „Gesetz der wechselnden Phasenzahl" gilt natürlich auch die Phasenregel über die Höchstzahl von Phasen. Im vorliegenden Falle weist (2.19) dem Vierphasenraum die Form einer horizontalen Ebene zu.

[2]) Die in 4.1.1.4 angegebenen Sonderfälle werden auch in ternären Systemen beobachtet. Es kann z. B. zur Ausbildung eines ternären Schmelzpunktminimums kommen (vgl. JÄNECKE).

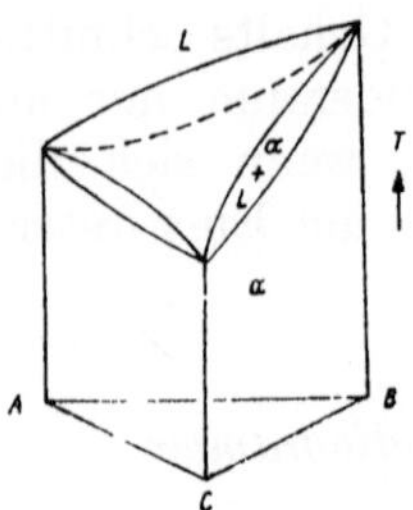

Abb. 5.12. Schematische perspektivische Darstellung eines ternären Phasendiagramms mit vollständiger Mischbarkeit im flüssigen (L) und
festen (α) Zustand.

Ein isothermer Schnitt durch den Zweiphasenraum
enthält Konoden, die nicht notwendig durch einen Eckpunkt des GIBBsschen Dreiecks laufen (Abb. 5.13). Da
deren Lage temperaturabhängig ist, ergibt sich eine
temperaturabhängige Änderung der Phasenzusammen-

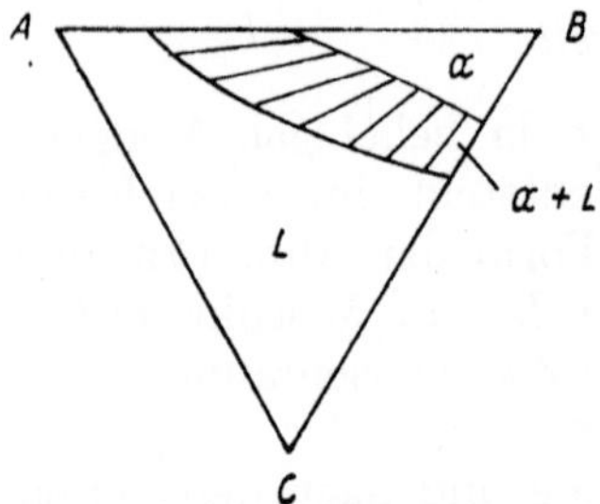

Abb. 5.13. Isothermer Schnitt durch den Zweiphasenraum $\alpha + L$ der Abb. 5.12.
Die Anordnung der Konoden ist angegeben. Vgl. hierzu auch Abb. 5.5.

setzung, deren Zustandekommen an Abb. 5.14 erläutert
wird. Hierbei wird auch verständlich, daß Schnitte senkrecht zur Konzentrationsebene im allg. keine Angaben
über die Konzentrationen der am Gleichgewicht beteiligten Phasen enthalten. Beispiele für Systeme dieses Typs
sind W—Mo—Nb und Au—Ni—Pd.

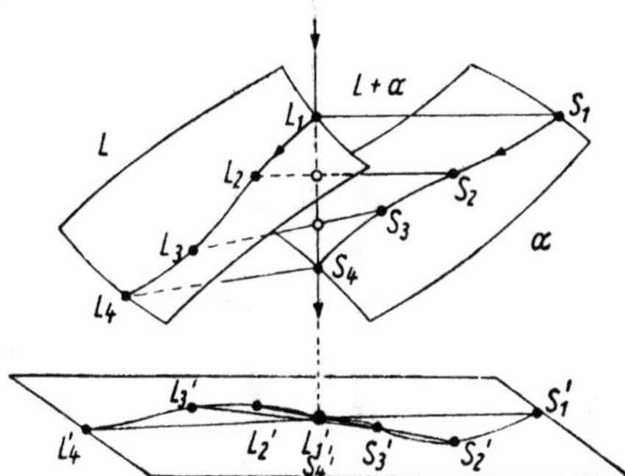

Abb. 5.14. Ausschnitt aus dem Raumdiagramm der Abb. 5.12. Bei Abkühlung trifft der Zustandspunkt des Systems in L_1 auf die Liquidusfläche. Es kristallisiert α-Mischkristall einer Zusammensetzung aus, die durch den Endpunkt der Konode auf der Solidusfläche S_1 bestimmt ist. Bei der weiteren Abkühlung ändert sich die Orientierung der Konode. Die Endpunkte auf der Liquidusfläche L_2, L_3 und auf der Solidusfläche S_2, S_3 sind jeweils so angeordnet, daß die Konoden durch die Ausgangszusammensetzung laufen. Bei S_4 tritt der Zustandspunkt durch die Solidusfläche. Das System ist vollständig erstarrt. In der Projektion auf die Ebene X_1, X_2, X_3 ergibt sich der Pfad $S_1' - S_4'$ bzw. $L_1' - L_4'$.

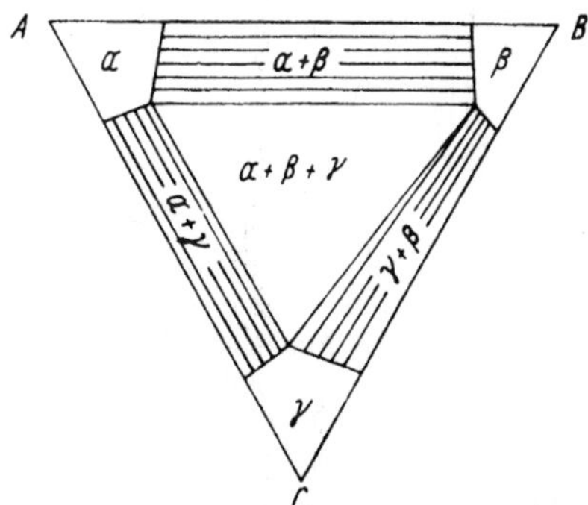

Abb. 5.15. Isothermer Schnitt eines Systems mit Mischungslücken im festen Zustand in allen binären Randsystemen für eine Temperatur, bei der nur feste Phasen vorliegen. Die Konoden sind eingetragen. Die Komponenten A, B, C bilden Mischkristalle α, β, γ. Für den Fall verschwindender Löslichkeit der Komponenten weichen die Felder α, β, γ bis zu den Ecken und die Felder α + β, β + γ, γ + α bis zu den Seiten des Dreiecks ABC zurück.

5.2.2.   *Mischungslücken im festen Zustand in drei binären Randsystemen*

Obwohl die Verwandtschaft mit dem System der Abb. 5.4 eine unmittelbare ist, hat doch die Berücksichtigung der dort vernachlässigten Mischkristallbildung der

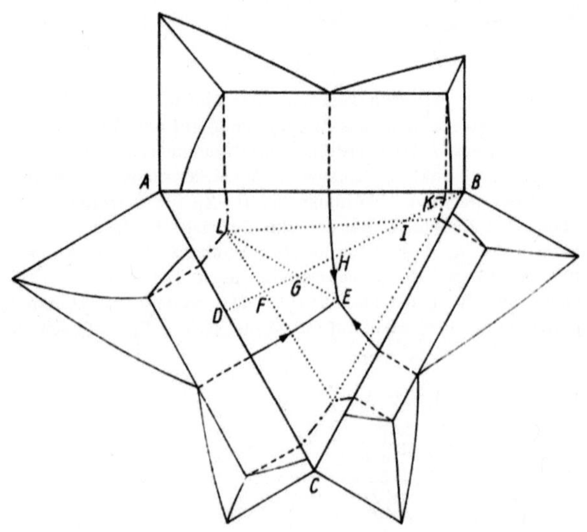

Abb. 5.16. Projektion der Liquidusschnittlinien (ausgezogen) und der Schnittlinien der Grenzflächen fester Phase (strichpunktiert) in die Konzentrationsebene. Außerdem sind die T-X-Diagramme der binären Randsysteme in die X_1, X_2, X_3-Ebene umgeklappt und mit dargestellt worden. Die Pfeilspitzen geben die Richtung abnehmender Temperatur an. E ist der ternäre eutektische Punkt. Für die Bedeutung der punktierten Linien vgl. Abb. 5.17.

drei Komponenten eine deutliche Komplizierung des Bildes zur Folge. Abb. 5.15 zeigt einen isothermen Schnitt, Abb. 5.16 die Projektion des Raumdiagramms auf das GIBBSsche Dreieck. Der ternäre eutektische Punkt (vgl. 5.1.6) kann im Grenzfall auf einer Seite oder in der Ecke des Dreiecks liegen (z. B. Ag—Cu—Pb).

Ein Schnitt senkrecht zur Konzentrationsebene der Abb. 5.16 hat die in Abb. 5.17 dargestellte Form. Durch die Existenz von Mischkristallgebieten läßt sich die Kristallisationsbahn nicht so einfach wie in Abb. 5.9 anhand Konoden finden, die durch eine Ecke des Gehaltsdreiecks laufen.

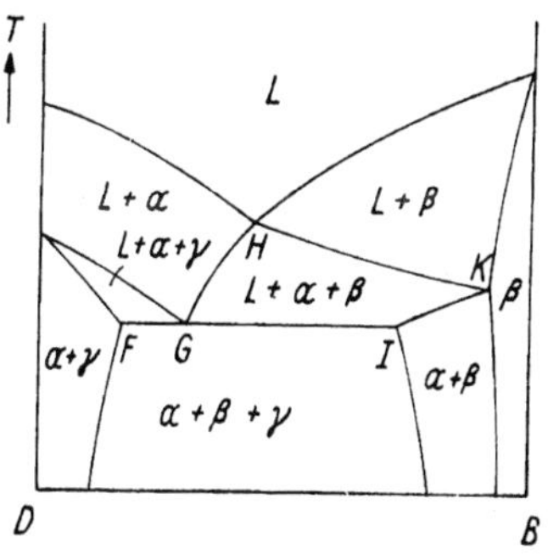

Abb. 5.17. Schnitt DB senkrecht zur Konzentrationsebene von Abb. 5.16 (vgl. auch Abb. 5.15). Die Linie $\overline{HK}$ des Beginns der binären eutektischen Kristallisation ist nicht geradlinig und nicht horizontal.

Im Unterschied dazu entspricht $\overline{FGI}$ einem nonvarianten Vierphasengleichgewicht (vgl. auch Abb. 5.8). Ein System der Zusammensetzung G erreicht bereits beim Abschluß der primären Kristallisation von α den ternären Punkt E (vgl. Abb. 5.16). $\overline{EL}$ ist eine Konode.

5.2.3. *Mischungslücken in zwei binären Randsystemen*

Die Mischungslücken stehen untereinander in Verbindung. Im System treten nur zwei feste Phasen α und γ auf. Ein ternärer eutektischer Punkt ist demnach unmöglich. Das projizierte Raumdiagramm ist in Abb. 5.18 angegeben. Ein System außerhalb der Mischungslücke, z. B. der Zusammensetzung P_1, erstarrt wie in Abb. 5.14 angegeben. Die Erstarrung ist abgeschlossen, noch bevor der Zustandspunkt der Restschmelze die Liquidusschnittlinie (1) erreicht hat.

Bei einer Systemzusammensetzung innerhalb der beiden Innenkanten der Mischkristallphasenräume (z. B. P_2) tritt dagegen folgender Ablauf der Erstarrung ein. Der Zustandspunkt durchstößt bei P_2 die Liquidusfläche, es scheidet sich γ-Mischkristall S_2 aus. Während im

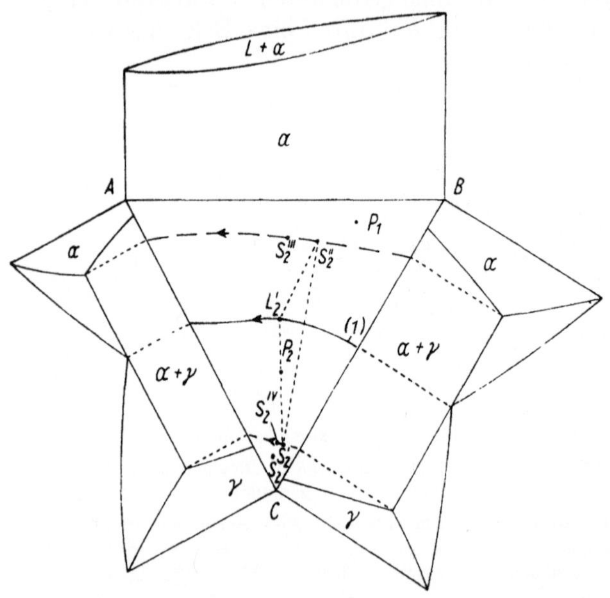

Abb. 5.18. Mischungslücke in zwei binären Randsystemen. Die T-X-Diagramme der Randsysteme sind in die Gehaltsebene umgeklappt. Die ausgezogene Linie stellt die Liquidusschnittlinie dar, die gestrichelten Linien sind die Projektionen der Innenkanten der α- und γ-Phasenräume.

Laufe der Abkühlung S_2 nach S_2' wandert, läuft der Zustandspunkt der Schmelze von P_2 nach L_2'. Die Schmelze liegt hier auf zwei Liquidusflächen. Es beginnt sich α-Phase der Zusammensetzung S_2'' zu bilden. Die Lage von S_2'' wird wiederum von der zugehörigen Konode bestimmt. Zu Beginn der Bildung von α liegt der Zustandspunkt P_2 des Systems noch am Rand des Konoden-dreiecks $S_2'L_2'S_2''$, das das Dreiphasengleichgewicht nach (5.2) regelt. Bei weiterer Abkühlung laufen S_2', S_2'' und L_2' in Pfeilrichtung (d. h. zu tieferen Temperaturen). Das Konodendreieck wandert solange, bis die beiden Zustandspunkte der Mischkristalle α und γ mit dem Zustandspunkt des Systems P_2 auf einer Geraden liegen, nach (5.2) also die Schmelze aufgebraucht ist.

Sind beide Randsysteme peritektisch, dann sind die Projektionen der Innenkanten der Mischkristallräume auf der gleichen Seite von der der Liquidusschnittlinie gelegen. Für den Ablauf der Erstarrung gilt sinngemäß dasselbe wie im Falle der eutektischen Randsysteme.

5.2.4. Mischungslücke in einem binären Randsystem

In diesem Falle muß sich die Mischungslücke innerhalb des ternären Systems schließen. Notwendige Bedingung dafür ist, daß die Komponenten gleiche Struktur haben. Abb. 5.19 enthält die Projektionen von Liquidusschnittlinie und Innenkante der Mischungslücke. Im Punkt G muß der Unterschied von α- und β-Phase verschwinden. G ist ein kritischer Punkt. Beim Abkühlen von Systemen innerhalb der Mischungslücke werden sich Dreiphasen-

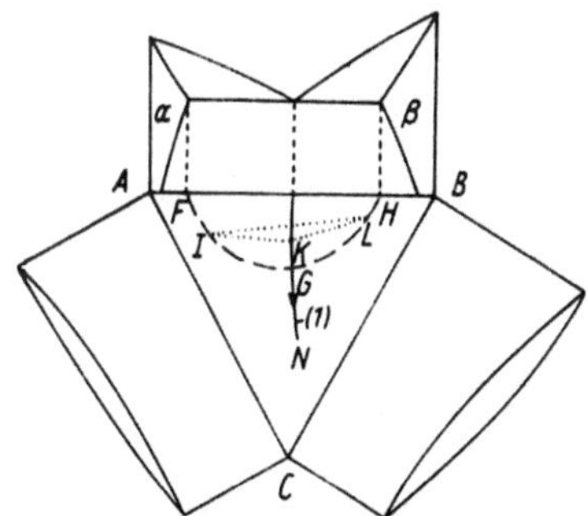

Abb. 5.19. Mischungslücke in einem binären Randsystem. Die Projektion der Innenkante des Mischkristallraumes FGH ist gestrichelt angegeben. Die Liquidusschnittlinie (1) ist ausgezogen. Sie endet in N.

gleichgewichte $\alpha + \beta + L$ ausbilden, wobei die beteiligten Phasen Konodendreiecke aufspannen (wie z. B. IKL in Abb. 5.19) (vgl. 5.2.3). Systeme außerhalb der Mischungslücke verhalten sich wie in 5.2.1 erörtert.

Auf der Liquidusfläche wird der Einschnitt beim Fortschreiten von K nach G flacher. Er verschwindet in N (Abb. 5.19). Darunter liegt ein kontinuierlicher Verlauf der Liquidusfläche vor. Dies ist eine Besonderheit des Systems.

5.2.5.   *Eine binäre Verbindung in einem Randsystem*

Wir erwähnen nun den einfachen Fall eines im flüssigen Zustand vollständig mischbaren Systems, dessen Komponenten sich im festen Zustand jedoch nicht lösen, dagegen eine intermediäre Phase bilden. Abb. 5.20 enthält Bei-

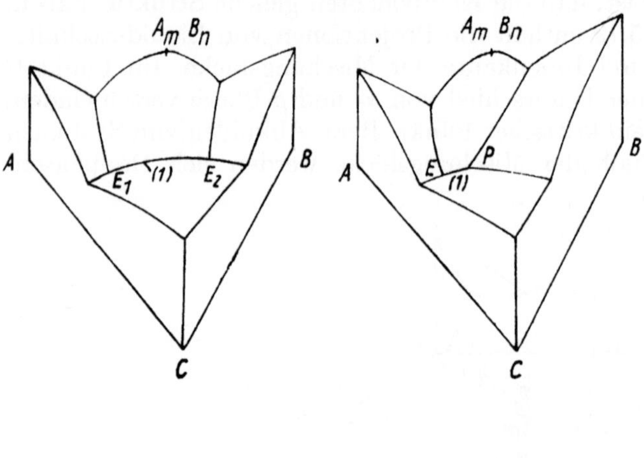

Abb. 5.20. Perspektivische Darstellung der Liquidusflächen im System mit intermediärer Phase A_mB_n. Teilbilder (a) und (b) unterscheiden sich im wesentlichen dadurch, daß in (a) die Liquidusschnittlinie (1) zwischen E_1 und E_2 über einen Sattelpunkt verläuft, in (b) dagegen von P nach E abfällt.

spiele für das Raumdiagramm. Das System der Abb. 5.20
(a) läßt sich entlang der Linie A_mB_n-C in zwei Untersysteme mit prinzipiell gleicher Gestalt zerlegen und
so auf den Fall 5.2.2 zurückführen (vgl. Abb. 5.21a).[1]
Für Systemzusammensetzungen auf der Linie A_mB_n-C

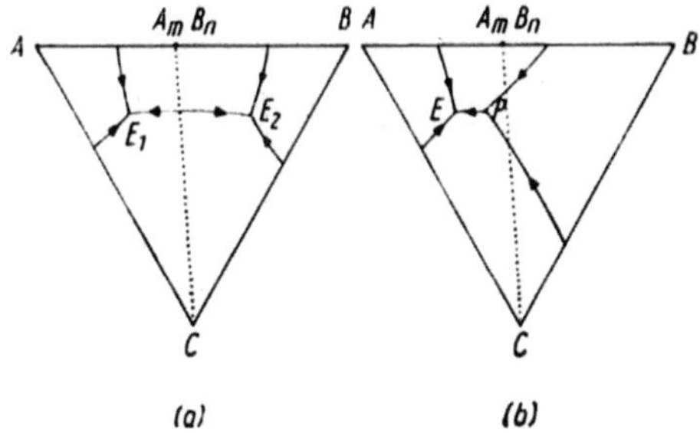

Abb. 5.21. Projektion der Liquidusschnittlinien der Raumdiagramme Abb. 5.20
in die Gehaltsebene. E_1, E_2, E sind eutektische Punkte, P ist ein
peritektischer.

gilt wie dort, daß der Zustandspunkt der Schmelze auf
der Liquidusfläche bis zur Liquidusschnittlinie E_1E_2
wandert, und dort die Restschmelze in A_mB_n und C
zerfällt.[2]

Die Entscheidung darüber, ob ein beliebiger Schnitt
senkrecht zur Gehaltsebene eines ternären Systems ein
pseudobinärer (Abb. 5.21a) oder ein ternärer (Abb. 5.21b)
ist, läßt sich experimentell anhand der T-X-Schnitte
daran erkennen, ob Zustandsänderungen zu einem
Gleichgewicht zwischen zwei oder zwischen drei festen
Phasen führen (vgl. Abb. 5.22). Der isotherme Schnitt
unterhalb der peritektischen Temperatur P eignet sich
dazu nicht (Abb. 5.23).

---

[1] Auch als Triangulation des System bezeichnet (vgl. auch 6.2.5).

[2] Der Sattelpunkt der Liquidusschnittlinie E_1E_2 liegt genau im Schnittpunkt
mit der Geraden $A_mB_n - C$.

9*

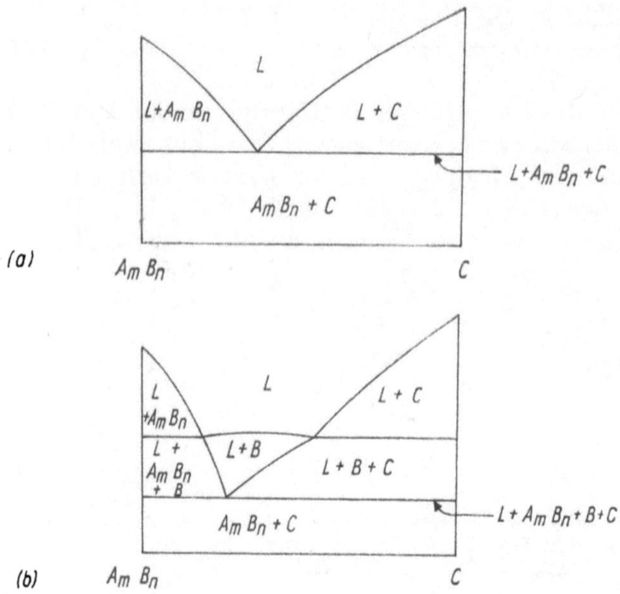

Abb. 5.22. Schnitte senkrecht zur Gehaltsebene durch die ternären Systeme der Abb. 5.21. In (a) handelt es sich um einen pseudobinären Schnitt. Der Schnitt (b) zeigt außer den beiden festen Phasen A_mB_n und C noch eine dritte B, der Schnitt ist also ein ternärer.

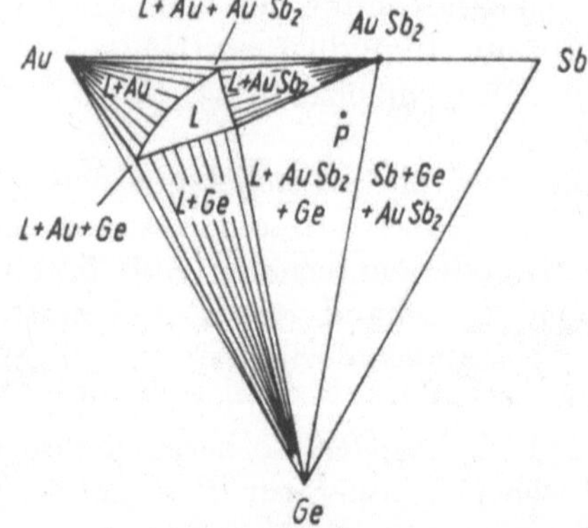

Abb. 5.23. Isothermer Schnitt durch das System Au—Sb—Ge bei $T = 350\,°C$, also nach Abschluß der peritektischen Reaktion $L + Sb \rightarrow Ge + AuSb_2$. Dabei ist L die Schmelzphase im peritektischen Punkt P. Die intermetallische Verbindung $AuSb_2$ liegt bei $X_{Au} = 33{,}3$ At. % und schmilzt bei 460 °C (nach ZWINGMANN).

5.2.6. Auftreten von je einer Verbindung in zwei Randsystemen

Dieser Fall läßt sich auf 5.2.5 durch mehrere quasibinäre Schnitte bzw. ternäre Schnitte zurückführen, unter denen auch Schnitte von einer zur anderen Verbindung vorkommen. Abb. 5.24 enthält die Projektion der Liquidusschnittlinien.

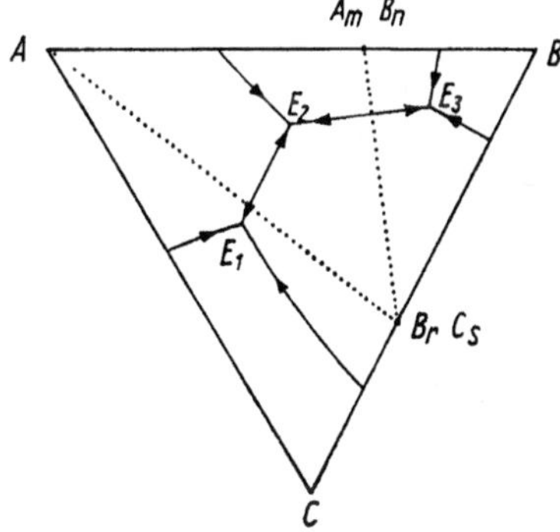

Abb. 5.24. System mit zwei binären Verbindungen A_mB_n und B_rC_s. E_1, E_2, E_3 sind drei eutektische Punkte. Durch die punktierten Linien läßt sich das System in drei Teilsysteme zerlegen, die dem Typ der Abb. 5.16 entsprechen. Ein solcher Fall liegt z. B. im System Sn—Mg—Pb mit den intermetallischen Verbindungen Mg_2Sn und Mg_2Pb vor. Der Schnitt Mg_2Sn—Pb ist dort pseudobinär, der Schnitt Mg_2Pb—Sn dagegen ternär.

5.2.7. Auftreten einer ternären Verbindung

Wie die binäre Verbindung ist auch die ternäre dadurch definiert, daß ihre Kristallstruktur verschieden von der aller drei Komponenten ist. Die Projektion der Liquidusschnittlinien hat die Gestalt der Abb. 5.25. Auch dieser Fall läßt sich durch Zerlegung auf die vorangegangenen zurückführen.

Die Mehrzahl der ternären Systeme enthält mehrere Verbindungen. Als Beispiel sei das System $CaO—SiO_2—Al_2O_3$

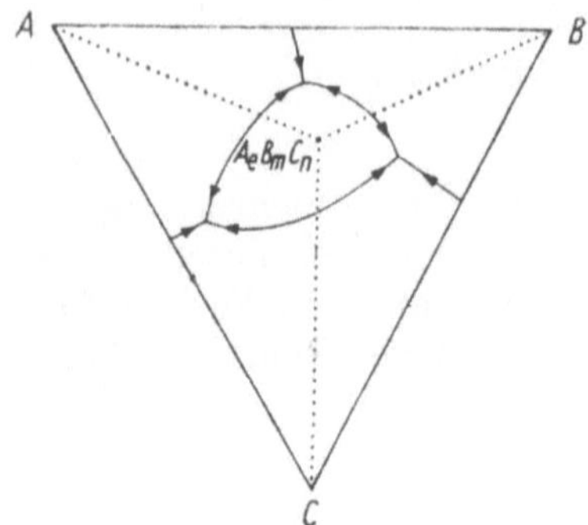

Abb. 5.25. Ternäre Verbindung $A_l B_m C_n$ im System ABC. Schnitte entlang der punktierten Geraden zerlegen das System in Teilsysteme vom Typ der Abb. 5.16.

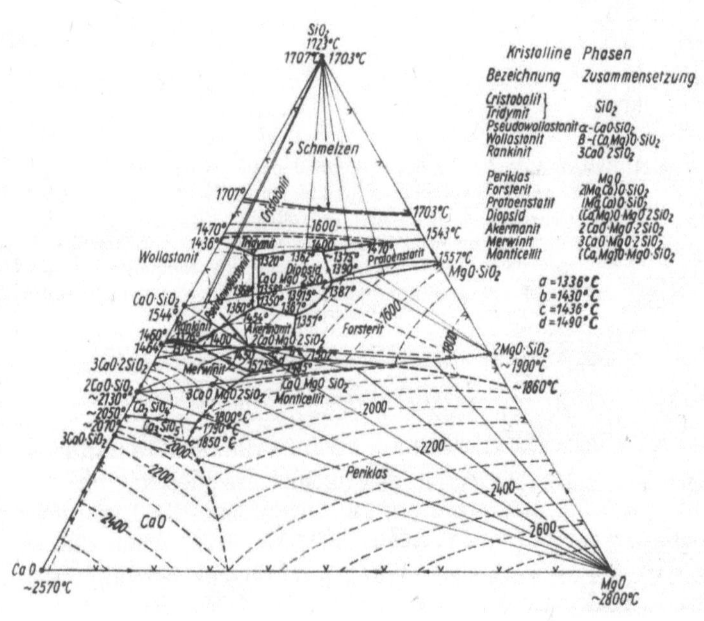

Abb. 5.26. Gehaltsdreieck des Systems $CaO - SiO_2 - Al_2O_3$ (nach OSBORN, MUAN).

angeführt, das sowohl für das Verständnis technisch bedeutsamer Silikatprodukte (z. B. Portlandzementklinker, Schamotte, Hochofenschlacke) als auch der Entstehung gesteinsbildender Mineralien von Bedeutung ist (Abb. 5.26). Zur Prüfung der topologischen Zusammenhänge vgl. 6.2.5.

5.3.   *Thermodynamik des Phasengleichgewichts*

Wie in binären Systemen gelten für ternäre die Gleichgewichtsbedingungen (2.3), also etwa in der Form
$$\mu_A^{(1)}(x_A^{(1)}, x_B^{(1)}) = \mu_A^{(2)}(x_A^{(2)}, x_B^{(2)}) = \ldots, \mu_B^{(1)}(x_A^{(1)}, x_B^{(1)})$$
$$= \mu_B^{(2)}(x_A^{(2)}, x_B^{(2)}) = \ldots, \quad \mu_C^{(1)}(x_A^{(1)}, x_B^{(1)}) = \mu_C^{(2)}(x_A^{(2)},$$
$$x_B^{(2)}) = \ldots,$$
wobei die freie Enthalpie (2.7) in der Form (4.5) geschrieben werden kann, jeweils unter Addition von Gliedern $(1 - x_A - x_B)\,\mu_C$ bzw. $k_B T(1 - x_A - x_B)$

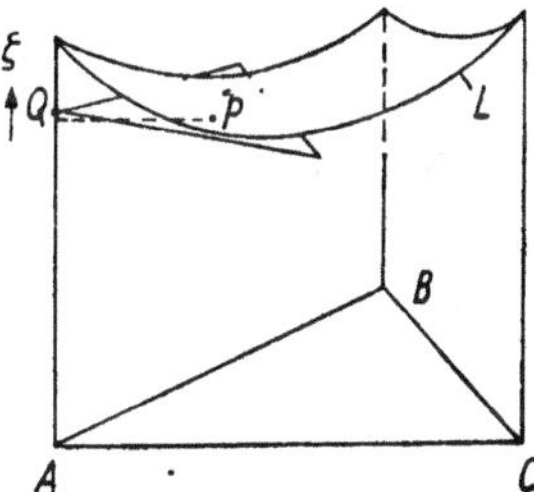

Abb. 5.27. Zur Tangentialebenenkonstruktion im Falle des Zweiphasengleichgewichts Schmelze (*L*) – Komponente *A* bei $T = $ const. Da die Löslichkeit von *B* und *C* in *A* vernachlässigt werden soll, besteht die freie Enthalpie der festen Phase *A* nur aus einem Punkt $Q = \zeta(x_c = 0, x_B = 0)$. Die Tangentialebene von diesem Punkt an die ζ-Fläche der Schmelze legt mit dem Berührungspunkt *P* die Richtung der Konode fest (gestrichelt), die für das Gleichgewicht mit einer Schmelze der Zusammensetzung *P* maßgebend ist. Von *Q* aus lassen sich verschieden geneigte Tangentialebenen an *L* legen entsprechend den unterschiedlichen Möglichkeiten eines Zweiphasengleichgewichts im ternären System (vgl. hierzu Abb. 5.5). Dreiphasengleichgewicht bedeutet dementsprechend eine Tangentialebene an drei $\zeta^{(\varphi)}$-Flächen. Im Unterschied zum Zweiphasengleichgewicht sind dann die Koordinaten der Berührungspunkte für $T = $ const festgelegt.

$\ln(1 - x_A - x_B)$ in der Näherung (4.12) mit $C = 0$. Die Tangentenkonstruktion (2.13) geht über in die Konstruktion der Tangentialebene an Flächen $\zeta^{(\varphi)}(x_A, x_B)$ (Abb. 5.27).

Eine Mischungslücke äußert sich in einer Einstülpung der ζ-Fläche in analoger Übertragung der Verhältnisse in Abb. 4.20b auf den dreidimensionalen Raum. Für Berechnungen vgl. KIKUCHI; KIKUCHI et al.

6. Phasendiagramme höherkomponentiger Systeme

Die Darstellung der Phasenbeziehungen in vier-, fünf- und höherkomponentigen Systemen wird aus geometrischen Gründen zunehmend schwieriger, ein Umstand, der sich hemmend auf die Analyse dieser Systeme auswirkt. Im folgenden werden einige Darstellungsprinzipien erläutert, ohne daß im einzelnen auf die vielfältigen Systemtypen eingegangen werden kann. Für ausführlichere Darstellungen vgl. z. B. VOGEL; JÄNECKE; TAMÁS, PÁL; ZACHAROV 1966.

6.1. *Vierkomponentige Systeme*

In diesem Falle werden alle drei Dimensionen des Darstellungsraumes für die Auftragung der drei unabhängigen Molenbrüche X_A, X_B, X_C ($X_D = 1 - X_A - X_B - X_C$) verwendet. Die Temperatur T (und erst recht der Druck p) führte über den der Anschauung zugänglichen dreidimensionalen Raum hinaus in höherdimensionale Räume. Das gleichzeitige Abtragen verbietet sich daher.

Die Darstellung erfolgt meist nach ROOZEBOOM in einem regulären Tetraeder. Ein Zustandspunkt wird durch einen Punkt innerhalb des Tetraeders dargestellt, wobei dessen Koordinaten bezüglich dreier Kanten gleich den unabhängigen Konzentrationswerten sind (Abb. 6.1).

Jeder Punkt erhält noch eine Angabe darüber, welche Phasen unter den gegebenen Bedingungen von Druck und Temperatur bei der zugehörigen Systemzusammensetzung im Gleichgewichtszustand auftreten.

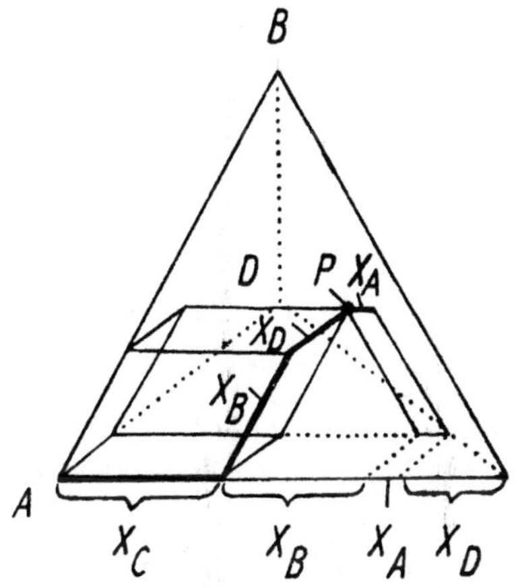

Abb. 6.1. Perspektivische Darstellung des Tetraeders, dessen Ecken die **vier** Komponenten A, B, C, D eines quaternären Systems entsprechen. Jedem Punkt P im Innern des Tetraeders lassen sich drei Koordinaten X_B, X_C, X_D parallel zu Tetraederkanten eindeutig zuordnen, wobei die Kantenlänge des Tetraeders stets gleich $X_A + X_B + X_C + X_D$ ist. X_A ist der Abstand von P zur Fläche BCD parallel zur Kante AC. (C entspricht der rechten vorderen Ecke)

Wie im Falle des Dreiecks bei ternären Systemen (vgl. 5.1.1) existieren ausgezeichnete Punkte, Geraden und Ebenen. Entlang einer Geraden durch die A-Ecke eines Tetraeders ist das Verhältnis $X_B:X_C:X_D$ konstant, entlang der Ebene durch eine Kante, z. B. AB, ist das Verhältnis $X_C:X_D$ nicht veränderlich und in einer Ebene parallel zu einer Tetraederfläche ABC bleibt X_D konstant usw.

In Abb. 6.2 ist eine Darstellung des Systems Ni$_3$Fe—Ni$_3$Al—Ni$_3$Cr—Ni$_3$Ti gegeben.

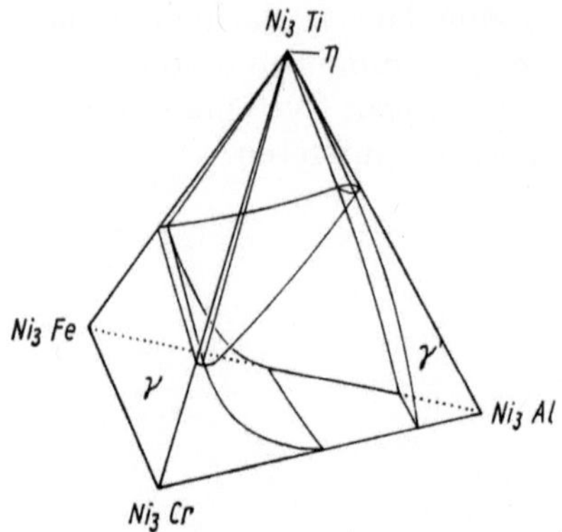

Abb. 6.2 (a). Isothermer quaternärer Schnitt des Systems Ni$_3$Fe—Ni$_3$Al—Ni$_3$Cr—Ni$_3$Ti für $T = 1000\,°$C. Es treten drei Einphasenräume γ, γ' und η, drei Zweiphasenräume $\eta + \gamma$, $\gamma + \gamma'$ und $\gamma' + \eta$ sowie ein Dreiphasenraum $\gamma + \gamma' + \eta$ auf. Dabei ist der γ-Mischkristall vom Cu-Typ, γ' und η kristallisieren im Cu$_3$Au- bzw. Ni$_3$Ti-Typ. Genau genommen handelt es sich um den pseudoternären Schnitt des quinären Systems Ni—Fe—Cr—Ti—Al.

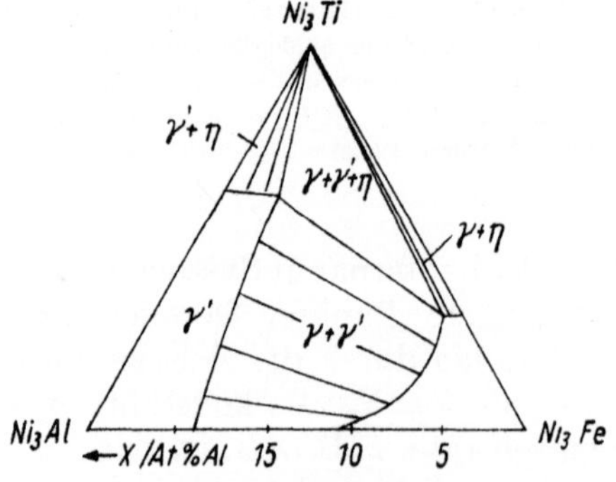

(b). Das zu (a) gehörige (pseudo)ternäre Randsystem Ni$_3$Fe—Ni$_3$Al—Ni$_3$Ti, das die Gestalt der Phasenräume in (a) besser zu erkennen hilft (nach **Taylor** 1957).

6.2.   *Fünf- und höherkomponentige Systeme*

Wie in 6.1 erwähnt, erfordert die Darstellung eines quinären Systems die Projektion in den dreidimensionalen Raum unserer Anschauung. Abb. 6.2 ist ein Beispiel dafür. Es seien aus diesem Grunde einige Bemerkungen zur Darstellungsmethode gemacht (vgl. auch PRINCE 1963).

6.2.1.   *Konzentrationssimplex*

In einem n-Komponenten-System stellt man die Mengenanteile X_i der Komponenten durch ein $(n-1)$-dimensionales Simplex[1]) mit n Ecken dar.[2])[3]) Die Werte X_i eines Zustandspunktes sind durch dessen Abstände zu den $(n-2)$-dimensionalen Hyperflächen des Konzentrationssimplex gegeben. Sie lassen sich auch darstellen durch

$$X_i = \frac{V_i}{V}, \tag{6.1}$$

wobei V_i das Hypervolumen desjenigen Simplex ist, das aus den Ecken $1, 2, \ldots, i-1, i+1, \ldots, n$ (ausgenommen also der Ecke i) und dem Zustandspunkt gebildet wird. V hat die Bedeutung des Hypervolumens des gesamten $(n-1)$-dimensionalen Simplex.[4]) Die Ecken des Simplex sind die Komponenten, die Kanten die

---

[1]) Ein System von Punkten samt den sie verbindenden Geraden, Ebenen, ..., linearen Räumen i-ter Dimension ($i = 1, \ldots, n$) heißt ein Simplex (vgl. z. B. KELLER).

[2]) Im ternären System z. B. durch ein zweidimensionales reguläres Simplex, das GIBBSsche Dreieck (vgl. Abb. 5.3).

[3]) Ein Simplex eines n-Komponentensystems hat i. allg. $^nC_1$ Ecken, $^nC_2$ Kanten, $^nC_3$ Flächen, $^nC_4$ Volumina, $^nC_5, \ldots, ^nC_n$ Hypervolumina. Für diese gilt
$\sum\limits_{i=1}^{n-1} {}^nC_i = 2 \sum\limits_{i=1}^{n-1} {}^nC_i + 1 = 2^n - 1$. In einem quinären System ist das Simplex ein Pentatop mit $n = 5$: $^5C_1 = 5$, $^5C_2 = 10$, $^5C_3 = 10$, $^5C_4 = 5$, $^5C_5 = 1$.
$^nC_i = \binom{n}{i}$ ist die Zahl der Kombinationen i-ter Ordnung von n Elementen.

[4]) Im quaternären System z. B. (vgl. Abb. 6.1) ist demnach $X_A = V_A/V$ = Volumen $PBCD$/Volumen $ABCD$.

binären Systeme, die Flächen die ternären Systeme, die Volumina die quaternären Systeme und die Hypervolumina die zugehörigen höherkomponentigen Systeme, in die sich das Gesamtsystem zerlegen läßt.

6.2.2.   Koordinatensysteme

Als Koordinatensysteme zur Darstellung von Phasendiagrammen wird i. allg. eine Kombination eines Konzentrationssimplex mit anderen geometrischen Elementen verwendet. In einem binären System wird das eindimensionale Konzentrationssimplex gewöhnlich mit einer Temperaturachse kombiniert (vgl. 4.1).

6.2.3.   Projektionsmethoden

Im ternären System ist es bereits zweckmäßig, das Raummodell in die Ebene zu projizieren. Alle Konzen-

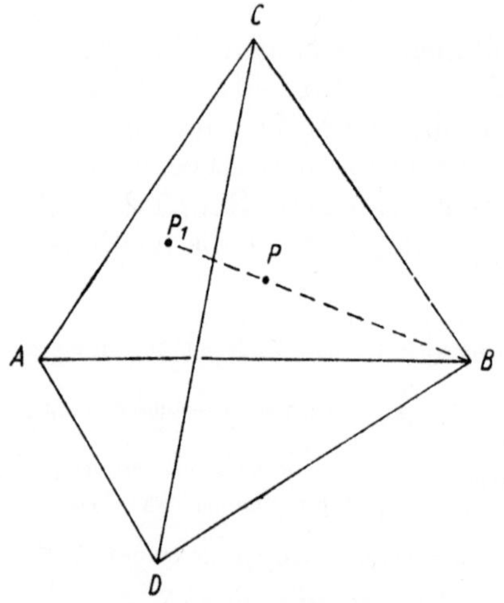

Abb. 6.3. Perspektivische Projektion $P_1(X_{A1}, X_{C1}, X_{D1})$ des Zustandspunktes $P(X_A, X_B, X_C, X_D)$ in die Seitenfläche ACD des Tetraeders. Es ist
$$X_A:X_C:X_D = X_{A1} X_{C1}:X_{D1} \text{ und } \sum_{k=A}^{D} X_k = 1 \text{ sowie } X_{A1} + X_{D1} + X_{C1} = 1.$$

trationskoordinaten des Zustandspunktes bleiben dabei unverändert. Das trifft nicht mehr auf quaternäre Systeme zu. Hier sind zwei Projektionsmethoden in Gebrauch. Perspektivische Projektion eines Zustandspunktes erfolgt von einer Ecke des Tetraeders auf die gegenüberliegende Fläche (Abb. 6.3). Derartige Linien lassen das Verhältnis derjenigen Komponenten konstant, die nicht zu der betreffenden Ecke gehören. Projektion in die ACD-Ebene des Systems $ABCD$ führt zu dem Zustandspunkt P_1 mit den Koordinaten (vgl. Abb. 6.3)

$$X_{A1} = \frac{X_A}{X_A + X_C + X_D}$$

$$X_{C1} = \frac{X_C}{X_A + X_C + X_D} \tag{6.2}$$

$$X_{D1} = \frac{X_D}{X_A + X_C + X_D} \cdot {}^{1)}$$

Die Parallelprojektion kann parallel zu einer Tetraederkante oder senkrecht zu einer Fläche erfolgen. Die erste Variante hat den Vorteil, daß zwei Koordinaten ungeändert bleiben. Im Fall der Projektion in die ACD-Ebene (vgl. Abb. 6.4) ist

$$X_{A1} = X_A$$

$$X_{C1} = X_C \tag{6.3}$$

$$X_{D1} = X_C + X_B \cdot$$

---

[1]) Die Umkehrung erfordert zwei Projektionen auf verschiedene Flächen, z. B. $P_1(X_{A1}, X_{C1}, X_{D1})$ und $P_2(X_{B2}, X_{C2}, X_{D2})$. Dann ist $X_{A1} : X_{C1} : X_{D1} = X_A : X_C : X_D$, $X_{B2} : X_{C2} : X_{D2} = X_B : X_C : X_D$. Damit ist also $X_A : X_B : X_C : X_D = X_{A1} : X_{D1} X_{B2}/X_{D2} : X_{D1} X_{C2}/X_{D2} : X_{D1}$ und mit $X_A + X_B + X_C + X_D = 1$ erhält man die gesuchten Koordinaten von P.

Wird hingegen senkrecht zur ACD-Ebene auf diese projiziert, hat man

$$X_{A1} = X_A + \frac{1}{3} X_B$$

$$X_{C1} = X_C + \frac{1}{3} X_B \qquad\qquad (6.4)$$

$$X_{D1} = X_D + \frac{1}{3} X_B.$$

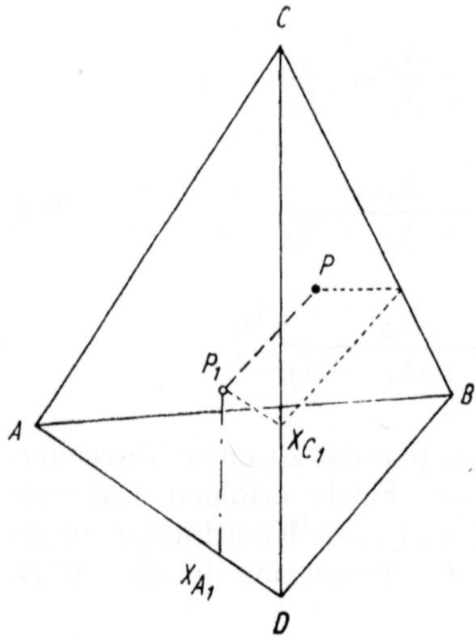

Abb. 6.4. Projektion des Zustandspunktes P nach P_1 parallel zur Kante BD.

6.2.4.　Phasenkomplexe

Ein Phasendiagramm kann als ein geschlossener Komplex[1]) geometrischer Elemente dargestellt werden. Unter einem Phasenkomplex versteht man die Kombina-

---

[1]) Ein Komplex ist eine Kombination geometrischer Elemente (Punkte, Linien, Flächen, Volumina, Hypervolumina), die gemeinsam eine vorgegebene geometrische Form bilden.

tion geometrischer Elemente, die das Phasengleichgewicht in einem System festlegen. Diese Elemente werden meist experimentell bestimmt und bezeichnen Phasengrenzen. In Abb. 5.4 bilden die drei Liquidusflächen z. B. einen Phasenkomplex. Durch geeignete Projektionen kann der Phasenkomplex durch Linien dargestellt werden, die einen Stern bilden. In Abb. 5.10 besteht der Stern aus den drei Strahlen (1), (2) und (3), die vom Sternpunkt (Vertex) E auslaufen. Die Strahlen schließen Flächen und diese ihrerseits Volumina usw. ein. Für die Anzahl der Elemente $^{n-1}S_i$ eines Phasensterns gilt $^{n-1}S_i = {^nC_i} - {^{n-1}C_i}$ (vgl. Fußn. 3, S. 139). Die Zahl der eindimensionalen und $(n-1)$-dimensionalen Strahlen eines Sternpunktes ist gleich der Zahl der Komponenten des Systems. In Abb. 5.10 z. B. laufen 3 Strahlen und 3 Flächen vom ternären eutektischen Punkt E aus.

6.2.5.   *Triangulation ternärer Systeme*

Zwischen den Elementen komplexer ternärer Systeme bestehen nach KURNAKOV folgende Beziehungen:

a) nur binäre Verbindungen vorhanden (z. B. Abb. 5.21, 5.24)

$$D = E = V_2 + 1 = Q + 1 = S + 1, \qquad (6.5)$$

wo D Zahl der sekundären Dreiecke, E Zahl der ternären eutektischen Punkte, V_2 Zahl der binären Verbindungen, Q Zahl der quasibinären Systeme, S Zahl der Sattelpunkte ist.

b) nur ternäre Verbindungen vorhanden (z. B. Abb. 5.25)

$$D = E = 2V_3 + 1 = \frac{2}{3} Q + 1 = \frac{2}{3} S + 1 \qquad (6.6)$$

mit V_3 als Zahl der ternären Verbindungen;

c) beides nebeneinander vorhanden (z. B. Abb. 5.26)

$$D = E = 1 + V_2 + 2V_3 = Q + 1 - V_3$$
$$= S + 1 - V_3.[1]) \tag{6.7}$$

6.2.6. Zusammenhang von Zustandsräumen

Über die von MASING angegebene Beziehung zwischen den Phasenanzahlen (vgl. 5.1.7) hinaus wird der räumliche Zusammenhang der Zustandsräume im Phasendiagramm durch eine auf PALATNIK, LANDAU zurückgehende Relation beschrieben:

$$R_1 = R - D^- - D^+ \geqq 0. \tag{6.8}$$

Hierbei bedeuten R_1 die Dimension der Grenze zwischen benachbarten Zustandsräumen, R die Dimension des Phasendiagramms oder des regulären Schnittes[2]) eines Phasendiagramms, D^- bzw. D^+ die Zahl der beim Überschreiten der Grenze verschwindenden bzw. neu auftretenden Phasen. Kombiniert mit der Phasenregel (2.17) nimmt (6.8) die Form

$$D^0 + D^- + D^+ \leqq K + 2 \tag{6.9}$$

an. wobei D^0 die Zahl der Phasen bezeichnet, die den angrenzenden Zustandsräumen gemeinsam sind.

Für die Diskussion spezieller Fälle wird auf PALATNIK, LANDAU bzw. PRINCE 1963 verwiesen.

6.3. Bestimmung von Phasendiagrammen

Die Zahl der bisher experimentell untersuchten Phasendiagramme ist verschwindend klein verglichen mit der Zahl der denkbaren Systeme. Tab. 6.1 enthält einige

---

[1]) Für inkongruent schmelzende Verbindungen müssen diese Beziehungen modifiziert werden.

[2]) Reguläre Schnitte laufen nicht durch Knotenpunkte des Phasendiagramms. Knotenpunkte sind Sternpunkte, eutektische oder peritektische Punkte usw. Wird in einem konkreten Falle $R_1 < 0$ im Gegensatz zu (6.8), ist die Bedingung der Regularität verletzt.

Zahlenwerte. Dabei wächst nicht nur die Zahl der Kombinationen von α chemischen Elementen zu n-komponentigen Systemen mit $\binom{\alpha}{n}$ sehr schnell an beim Übergang zu höherkomponentigen Systemen, auch die Phasengleichgewichte werden komplexer. Nach (2.19) könnten

Tabelle 6.1

Anzahl n-komponentiger Systeme q aus 104 Elementen und die der davon untersuchten r

n	$q = \binom{104}{n}$	r[1])	r/q
1	104	104	1
2	5 356	2 361	0,4
3	182 104	6 223	$3{,}4 \cdot 10^{-2}$
4	4 598 126	1 237	$2{,}7 \cdot 10^{-4}$
5	91 962 520	149	$1{,}6 \cdot 10^{-6}$
6	1 517 381 579	27	$1{,}8 \cdot 10^{-8}$

[1]) Vorwiegend nach PRINCE (1977). Dabei ist keine Aussage über den Grad der Untersuchung gemacht.

z. B. in quinären Systemen ($K = 5$) sechs und in senären Systemen ($K = 6$) schon sieben Phasen nebeneinander im Gleichgewicht existieren. Die Anforderungen an die Experimentiertechnik steigen dabei enorm. Um die Gesamtheit der möglichen Kombinationen von 104 Elementen experimentell untersuchen zu können, reichte bei der gegenwärtigen Technik die Substanzmenge der Erdkruste nicht aus (SAWIZKI 1977).

Auch im Hinblick auf den Zeitaufwand werden andere als die bisher üblichen Untersuchungsmethoden angewandt werden müssen. Die Berechnung von Phasendiagrammen auf der Grundlage der in 2.9 und 4.1.1.4 angeführten Beziehungen (vgl. z. B. KAUFMAN, BERNSTEIN) wird in diesem Zusammenhang an Bedeutung ebenso gewinnen wie die rechnergestützte Prognose einzelner Phasen in bestimmten Systemen (vgl. z. B. SAVICKIJ).

7. Statistische Betrachtung der thermodynamischen Zustandsfunktionen

Bisher hatten wir vom atomistischen Aufbau der Phasen, deren Verhalten im thermodynamischen Gleichgewicht studiert worden war, abgesehen und vielmehr ihre Eigenschaften durch makroskopisch definierte Funktionen beschrieben. Nun soll erläutert werden, wie sich wichtige Züge dieser Zustandsfunktionen mit dem atomistischen Standpunkt verbinden lassen. Für die Grundlagen der statistischen Thermodynamik müssen wir auf GIRIFALCO; HALA, BOUBLIK; FOWLER, GUGGENHEIM; LEUSCHNER und Lehrbücher der theoretischen Physik verweisen. Was die Struktur fester Körper betrifft, knüpfen wir an PAUFLER, LEUSCHNER an.

7.1. *Zustandssumme*

Wir gehen von einem System konstanter Temperatur, konstanter chemischer Zusammensetzung und konstanten Volumens aus. Wie die Statistik lehrt, erhält man alle Gleichgewichtseigenschaften durch Mittelung über alle Quantenzustände, die das System einnehmen kann, wobei ein Gewichtsfaktor $\exp\left(-\varepsilon_i/k_{\mathrm{B}}T\right)$ für jeden nicht-entarteten Quantenzustand ε_i berücksichtigt wird (k_{B} BOLTZMANN-Konstante, T Temperatur).

Das System befindet sich während der Meßzeit t den Bruchteil t_i/t im Zustand ε_i. Das Ergebnis einer Energiemessung des Systems ist daher $E = (1/t) \sum_i t_i \varepsilon_i$ mit

$$\frac{t_i}{t} = \frac{e^{-\varepsilon_i/k_{\mathrm{B}}T}}{\sum_k e^{-\varepsilon_k/k_{\mathrm{B}}T}}. \tag{7.1}$$

(7.1) kann auch als Wahrscheinlichkeit dafür angesehen werden, das System zu einem gegebenen Zeitpunkt im Zustand i mit der Energie ε_i anzutreffen.

Auch das Ergebnis der Messung einer anderen Eigenschaft P des Systems läßt sich auf die Form

$$\overline{P} = \frac{\sum\limits_{i} P_i \, \mathrm{e}^{-\varepsilon_i/k_\mathrm{B}T}}{\sum\limits_{i} \mathrm{e}^{-\varepsilon_i/k_\mathrm{B}T}} \tag{7.2}$$

bringen, wobei P den Wert P_i annimmt, wenn sich das System im Zustand i befindet.

Als Zustandssumme $Z(V, T, N)$ bezeichnet man den Nenner von (7.2)

$$Z \equiv \sum\limits_{i} \mathrm{e}^{-\varepsilon_i/k_\mathrm{B}T}. \tag{7.3}$$ [1]

Diese Festlegung erweist sich als nützliche Rechenhilfe, denn mit ihrer Hilfe lassen sich alle Zustandsfunktionen leicht gewinnen.

Für die freie Energie F hat man z. B.

$$F = -k_\mathrm{B}T \ln Z. \tag{7.4}$$ [2]

Praktisch wichtig ist die Tatsache, daß die Zustandssumme in Anteile zerlegt werden kann, die jeweils nur von einer Gruppe von Freiheitsgraden abhängen (Separation der Freiheitsgrade). Für unsere Betrachtungen spielen die Lagen und Geschwindigkeiten der Atomschwerpunkte eine besondere Rolle. Diese translatorischen lassen sich auch meist in guter Näherung von den übrigen Freiheitsgraden trennen, die wir innere Freiheitsgrade nennen wollen. Man hat also

$$Z \approx Z_i \cdot Z_t, \tag{7.5}$$

---

[1] Bei Vorliegen entarteter Zustände auch in der Form $\sum\limits_{i} g_i \exp\left(-\varepsilon_i/k_\mathrm{B}T\right)$ mit g_i als Entartungsgrad geschrieben.

[2] Der Meßwert des Druckes p muß sich z. B. nach (7.2) durch $p = \sum\limits_{i} p_i \exp\left(-\varepsilon_i/\right.$ $\left. k_\mathrm{B}T\right)/\sum\limits_{i} \exp\left(-\varepsilon_i/k_\mathrm{B}T\right)$ darstellen lassen. Weiter ist $p = \sum\limits_{i} -\left(\partial\varepsilon_i/\partial V\right)$ $\times \exp\left(-\varepsilon_i/k_\mathrm{B}T\right)/\sum\limits_{i} \exp\left(-\varepsilon_i/k_\mathrm{B}T\right) = k_\mathrm{B}T[\partial \ln Z/\partial V] = -\partial F/\partial V$, d. h., zwischen F und Z besteht die Beziehung (7.4).

10*

wobei Z_i sich auf alle inneren einschließlich der Rotations-
freiheitsgrade bezieht.[1]) Kristalle erlauben eine weitere
Vereinfachung. Die Energie jedes Quantenzustands wird
als Summe eines Konfigurationsanteils (K) und eines
Schwingungsanteils (S) angesehen. Bei dem ersten handelt
es sich um die Energie, wenn sich alle Kristallbausteine
in Ruhe befänden. Für Z_t gilt damit

$$Z_t \approx Z_K \cdot Z_S. \qquad (7.6)$$

7.2.   Ideale Lösungen

Ein System enthalte $N_A = N(1 - x)$ Teilchen der
Sorte A und $N_B = Nx$ solche der Sorte B. Nur Nächste-
Nachbar-Wechselwirkungen seien von Bedeutung.[2])
Dann spricht man von einer idealen Lösung oder Mischung
(idealer Mischkristall), wenn der Anteil der Konfigura-
tionsenergie an der Gesamtenergie die Form

$$E_K = -N(1 - x)\, e_A - Nx\, e_B \qquad (7.7)$$

unabhängig von der Anordnung der Teilchen A und B
hat. Hierbei ist $-Ne_A$ die Konfigurationsenergie eines
Kristalls aus N Teilchen A und analog $-Ne_B$ die Energie
der reinen Komponente B.[3]) Nach (7.6) und (7.3) ist

$$Z_K = \frac{N!}{\{N(1 - x)\}!\, \{Nx\}!}\, \mathrm{e}^{-E_K/k_B T}, \qquad (7.8)$$

---

[1]) Bei der späteren Anwendung müssen wir also voraussetzen, daß durch Änderung der chemischen Zusammensetzung Z_t nicht geändert wird.

[2]) Das heißt nicht, Nachbarn in größerem Abstand sind wechselwirkungsfrei.
Es bedeutet nur, daß deren Wechselwirkung unabhängig von der Natur
der beteiligten Partner sein soll, auch im Falle nichtidealer Lösungen 7.3.

[3]) Eine Mischung zweier Isotope des gleichen Elements ist ein Beispiel für ein
derartiges System. Der Energienullpunkt ist im Zustand der unendlich weit
voneinander entfernten Teilchen festgelegt.

denn die Zahl der unterscheidbaren Zustände beträgt $N!/\{N(1-x)\}!\,\{Nx\}!$.[1]

Unter Zuhilfenahme der STIRLINGschen Formel läßt sich mit (7.4) der Konfigurationsanteil der freien Energie aus (7.8) leicht berechnen.[2] Es wird

$$F_K = -N(1-x)\,e_A - Nxe_B + Nk_\mathrm{B}T'$$
$$\times\{(1-x)\ln(1-x) + x\ln x\}. \qquad (7.9)$$

Durch die Mischung der beiden Teilchensorten A und B tritt zur freien Energie der reinen Komponenten ein Beitrag der Mischungsenergie

$$F_K{}^M = Nk_\mathrm{B}T\{(1-x)\ln(1-x) + x\ln x\} \qquad (7.10)$$

hinzu, der wegen $G = F + pV$ auch in der freien Enthalpie wiederkehrt und in der letzteren schon in (4.5) benutzt wurde. Der Konfigurationsbeitrag zum chemischen Potential der Komponente A ist wegen (1.14) über Differentiation von (7.9) nach $N_A = N(1-x)$ zu erhalten:

$$\mu_A = -e_A + k_\mathrm{B}T\ln(1-x). \qquad (7.11)$$

$k_\mathrm{B}T\ln(1-x)$ hat demnach die Bedeutung der Änderung des chemischen Potentials $\mu_A - \mu_A{}^{(0)}$ infolge Mischung. Der kettenlinienartige Verlauf $\zeta(x)$ in Abb. 4.4 ist damit mikroskopisch begründet.[3]

---

[1] Die Teilchen einer Sorte sollen als nicht unterscheidbar gelten. Ein Platztausch zweier gleichartiger Atome ergibt keinen neuen Zustand. Die Ermittlung der Zahl verschiedener Zustände, wie sie durch die Summationsvorschrift (7.3) gefordert wird, ist gleichbedeutend mit der Anzahl der Kombinationen Nx-ter Ordnung von N Elementen ohne Berücksichtigung der Anordnung. Für diese gilt $N!/\{Nx\}!\,\{N(1-x)\}! = \binom{N}{Nx} = \binom{N}{N(1-x)} = N$ $\times(N-1)\times\cdots\times(N-Nx+1)/1\cdot2\times\cdots\times Nx$ entsprechend den Regeln der Kombinatorik (vgl. z. B. v: MANGOLDT, KNOPP).

[2] Die Fakultäten großer Zahlen lassen sich mit der STIRLINGschen Formel $\ln N! \approx \left(N + \frac{1}{2}\right)\ln N - N + \cdots \approx N\ln N$ gut annähern, zumal es sich bei den betrachteten Systemen meist um $N \approx 10^{20}\cdots10^{23}$ handelt.

[3] Da es im Zusammenhang mit Phasendiagrammen auf die Abhängigkeit von x ankommt, müssen Z_s und Z_t nach (7.6) und (7.5) unabhängig von x sein.

7.3.　*Reguläre Lösungen*

Wenn die Konfigurationsenergie von der konkreten Verteilung der Teilchen auf die vorgeschriebenen Atomlagen abhängt, muß (7.7) erweitert werden.

Nun ist die Koordination jedes Teilchens im Kristall zu berücksichtigen. Die Koordinationszahl sei K. Wenn wir uns wiederum auf Wechselwirkungen zwischen nächsten Nachbarn beschränken, ergibt sich folgende Bilanz (vgl. GUGGENHEIM 1952):

Art des Paares	Zahl der Paare	Energie pro Paar	Energie aller Paare eines Typs
AA	$K(N_A - v)/2$	$-2e_A/K$	$-(N_A - v)\,e_A$
AB	Kv	$(-e_A - e_B + w)/K$	$v(-e_A - e_B + w)$
BB	$K(N_B - v)/2$	$-2e_B/K$	$-(N_B - v)\,e_B$
gesamt	$K(N_A + N_B)/2$		$-N_Ae_A - N_Be_B + vw$

Dabei ist die Energie des A-B-Paares mit $(-e_A - e_B + w)/K$ angegeben, also gegenüber den Verhältnissen in der idealen Lösung 7.2 um den Wechselwirkungsbeitrag w erhöht.[1] Die Zahl v bezeichnet eine bestimmte Verteilung der Atome, bei der die Zahl der AB-Paare vK beträgt.

Die Konfigurationsenergie beträgt im Unterschied zu (7.7) nun

$$E_K = -N_Ae_A - N_Be_B + vw. \qquad (7.12)$$

Wir nennen ein solches System eine reguläre Lösung.[2] Zur Auswertung der Zustandssumme (7.3) ist

$$Z_K = e^{(N_Ae_A + N_Be_B)/k_BT} \sum e^{-vw/k_BT} \qquad (7.13)$$

---

[1] Beginnt man mit zwei Kristallen der reinen Komponenten A und B und tauscht ein A- durch ein B-Atom aus, dann beträgt der Gesamtzuwachs der Energie $2w$.

[2] (7.12) bedeutet eine stärkere Beschränkung als (4.4).

zu berechnen, wobei die Summation über alle $N!/N_A!N_B!$ unterscheidbaren Konfigurationen erfolgt.

Die Berechnung von (7.13) erfordert eine Kenntnis der Paarverteilung für alle infragekommenden Konfigurationen. Wenn wir einen Mittelwert $\bar{v}$ durch

$$\sum \mathrm{e}^{-vw/k_\mathrm{B}T} \equiv \frac{N!}{N_A!N_B!}\, \mathrm{e}^{-\bar{v}w/k_\mathrm{B}T} \qquad (7.14)$$

definieren, wird die freie Konfigurationsenergie F_K nach (7.4) und (7.6) im gleichen Rechengang wie vor (7.9)

$$F_K = -N_A e_A - N_B e_B$$
$$+ Nk_\mathrm{B}T\{(1-x)\ln(1-x) + x\ln x\} + \bar{v}w. \quad (7.15)$$

Der Mittelwert $\bar{v}$ in (7.14) läßt sich in nullter Näherung angeben, wenn eine vollständig regellose Verteilung der Komponenten A und B auf die Atomlagen vorliegt, was allerdings bei $w \neq 0$ streng genommen nicht der Fall ist. Unter dieser Voraussetzung ist $\bar{v}^2 = (N_A - \bar{v})(N_B - \bar{v})$, d. h. $\bar{v} = N_A N_B/(N_A + N_B) = Nx(1-x)$ unabhängig von der Temperatur. Eine weitergehende erste Näherung (quasichemische Näherung) ist durch $\bar{v}^2 = (N_A - \bar{v}) \times (N_B - \bar{v})\exp(-2w/K\,k_\mathrm{B}T)$ gegeben in Anlehnung an das chemische Gleichgewicht in Gasen.

In nullter Näherung ist somit die Änderung der freien Enthalpie infolge der Mischkristallbildung $\Delta G_K \approx \Delta F_K = F_K + (N_A e_A + N_B e_B) = Nk_\mathrm{B}T\{(1-x)\ln(1-x) + x\ln x\} + Nx(1-x)\,w$, oder, auf die Teilchenzahl bezogen

$$\zeta^M(x) = k_\mathrm{B}T\{(1-x)\ln(1-x) + x\ln x\} + x(1-x)\,w.$$
$$(7.16)$$

(vgl. hierzu (4.12)). Ein von x unabhängiger Beitrag der Schwingungen und inneren Freiheitsgrade (s. (7.5), (7.6)) ist in (7.16) weggelassen.

Der Kurvenverlauf und seine Abhängigkeit von $w = C$ wurde bereits in 4.1.2.1. diskutiert. $w < 0$ bedeutet negative Bildungswärme des Mischkristalls.

7.4.   Punktfehler

Punktfehler haben als Strukturelemente (vgl. 1.1) zwar keine unabhängig meßbaren thermodynamischen Potentiale, bei praktischen Fragen der Baufehlerthermodynamik treten jedoch stets thermodynamische Potentiale der Bauelemente auf, so daß es sich als zweckmäßig erweist, in Zwischenrechnungen z. B. chemische Potentiale der Strukturelemente einzuführen, auf Leerstelle also z. B. (4.3) anzuwenden.[1] Für ausführliche Darstellungen wird auf KRÖGER; SCHMALZRIED, NAVROTSKY verwiesen.

8.   Phasenumwandlungen

In Kap. 2 waren die thermodynamischen Ursachen dafür angegeben worden, daß durch Änderung der Zustandsgrößen eines Systems Veränderungen der Mengenanteile vorhandener Phasen und die Entstehung neuer Phasen (bzw. das Verschwinden alter) ausgelöst werden können. Die Phasendiagramme der Kapitel 3 bis 6 enthalten zahlreiche Beispiele dafür. Zum Ablauf der Umwandlungen ist dabei wenig mitgeteilt worden. Wir wollen uns nun dieser Frage zuwenden.

Die für die Festkörperforschung wichtigsten Phasenumwandlungen, nämlich die im festen Zustand, sind einer grundlegenden quantitativen Aufklärung noch immer schwer zugänglich, weil die Umwandlungswärmen nur etwa 1% der Bindungsenergien betragen (Bindungsenergie durch Sublimationswärme oder Verdampfungs-

---

[1] Vgl. auch Fußnote 1 Seite 135.

wärme Tab. 3.2 gemessen). Tab. 8.1 enthält Beispiele
für verschiedene Bindungstypen. Die Bindungskräfte
sind gewöhnlich nicht genau genug bekannt, um den

Tabelle 8.1

Umwandlungsenthalpien ΔH einiger Phasenumwandlungen im festen Zustand
bei der Temperatur T[1])

Substanz	Ausgangsphase	Endphase	$\Delta H/\mathrm{kJ\ mol^{-1}}$	$T/°C$
S	α-Se-Typ (A 16)	β-S-Typ	0,401	95,31
Se	α-Se (monoklin)	Se-Typ (A 8)	0,75	150
	glasig	Se-Typ (A 8)	4,46	125
SiO_2	(β-)Quarz-Typ (C 8)	Tridymit-Typ (C 10)	0,50	867
	(β-)Tridymit-Typ (C 10)	β-Cristobalit-Typ (C 9)	0,21	1470 (64 MPa)
Ca	Cu-Typ (A 1)	W-Typ (A 2)	1,0	440
Sr	Mg-Typ (A 3)	W-Typ (A 2)	0,84	589
Ti	Mg-Typ (A 3)	W-Typ (A 2)	3,40	1080
TiO_2	Anatas-Typ (C 5)	Rutil-Typ (C 4)	1,3	642
Zr	Mg-Typ (A 3)	W-Typ (A 2)	3,8	862
U	α-U-Typ (A 20)	tetrag.	2,93	662
	tetrag.	W-Typ (A 2)	4,78	772
Fe	W-Typ (A 2) B	W-Typ (A 2)	0,0	760
	β	Cu-Typ (A 1)	0,878	906
	γ	W-Typ (A 2)	0,46	1401
Co	Mg-Typ (A 3)	Cu-Typ (A 1)	0	445
Au−Cu	AuCu-Typ (L 1_0)	Cu-Typ (A 1)	3,14	416
ZnS	Zinkblende-Typ (B 3)	Wurtzit-Typ (B 4)	13,4	1020
Tl	Mg-Typ (A 3)	W-Typ (A 2)	0,40	234
Sn	Diamant-Typ (A 4)	β-Sn-Typ (A 5)	2,5	18
Mg_2GeO_4	Olivin (S 1_2)	Spinell (H 1_1)	−0,72	785

[1]) Überwiegend nach LANDOLT-BÖRNSTEIN 1961.

Umschlag in der Stabilität der an der Umwandlung
beteiligten Phasen zu verstehen. Wir gehen aus diesem
Grunde von empirischen Befunden zur Kinetik der Umwandlungen aus, stellen Gemeinsamkeiten zusammen
und versuchen diese an Hand einfacher kinetischer Modelle
zu interpretieren. Für eingehendere Darstellungen sei
der Leser auf CHRISTIAN; Phasenumwandlungen im
festen Zustand; BROUT; Kristallisation; VOLMER; TILLER;
WARLIMONT, DELAEY; verwiesen.

8.1. *Einteilung der Umwandlungen*

Nach dem Mechanismus der Umwandlung werden diffusionsabhängige (oder thermisch aktivierte) und diffusionslose (oder athermische) Phasenübergänge unterschieden. Andere Gesichtspunkte liegen folgenden weiteren Kategorien zugrunde.

Nach dem Ablauf unterscheiden sich homogene und heterogene Umwandlungen. Heterogen sei eine Phasenumwandlung genannt, wenn das umwandelnde System vor Abschluß der Umwandlung in Bereiche zerlegt werden kann, die die Umwandlung erfahren haben und andere, für die das nicht zutrifft. Eine Umwandlung heiße homogen, wenn sie im gesamten System gleichzeitig abläuft.

Heterogene Umwandlungen beginnen an einem oder mehreren Orten des Systems, den Keimen. Ausgangsphase

Tabelle 8.2

Beispiele von Phasenumwandlungen

	Umwandlungstyp	Beispiel
1.	Diffusionsabhängig	
1.1.	homogen	Ordnung – Unordnung
1.2.	heterogen	
1.2.1.	grenzflächenkontrolliert	Rekristallisation, polymorphe Umwandlungen
1.2.2.	bestimmt durch weitreichenden Transport	
1.2.2.1.	kontinuierlich (senkrecht zur Phasengrenze)	Ausscheidung
1.2.2.2.	diskontinuierlich parallel zur Phasengrenze)	eutektoide Reaktionen
2.	diffusionslos	
2.1.	martensitisch	Martensitumwandlungen, Zwillingsbildung
2.2.	elektronisch	Metall-Isolator-Übergang Supraleiter-Normalleiter-Übergang

und Keim sind durch eine Grenzfläche[1]) voneinander getrennt, deren Energie eine Barriere für die Keimbildung entstehen läßt (vgl. 8.5). Verschwindet dieser Energiebeitrag, wird die Umwandlung homogen.[2])

Für den zeitlichen Ablauf ist von Belang, ob der Teilchentransport zur Phasenbildung nur in der Umgebung der Grenzfläche[3]) oder über Entfernungen groß gegen die Grenzfläche erfolgen muß.

Tabelle 8.2 gibt die Zusammenstellung einiger Beispiele.

8.2.   *Kennzeichen diffusionsabhängiger Umwandlungen*

Wir stellen zunächst einige Kennzeichen zusammen, die zwar nicht sämtlich in jedem Falle erfüllt sind, insgesamt aber eine Zuordnung ermöglichen sollten (vgl. CHRISTIAN).

α) Die Umwandlung kann jenseits einer bestimmten Temperatur, die für sie charakteristisch ist, bei jeder Temperatur vollständig ablaufen.

β) Die Umwandlungsgeschwindigkeit ist stark temperaturabhängig (vgl. auch 8.5).

γ) Die Atombewegungen erfolgen unabhängig voneinander und über Entfernungen $\geqq$ Atomabstand. Daher gibt es auch keine Korrelation der Ausgangs- und Endlagen nach Rückumwandlung in die ursprüngliche Phase.

δ) Chemische Zusammensetzung, Volumen und Gestalt der beteiligten Phasen sind nicht korreliert.

ε) Orientierungsbeziehungen zwischen den ineinander umwandelnden Phasen sind möglich, aber nicht kennzeichnend.

---

[1]) Diese ist nicht immer willkürfrei angebbar, ggf. hat sie die Funktion einer effektiven Grenzfläche.

[2]) Bei Ordnungs-Vorgängen ist diese Situation z. T. gut angenähert (vgl. z. B. LIFSCHIZ).

[3]) Mitunter als grenzflächenkontrolliert bezeichnet.

8.3.   *Kennzeichen diffusionsloser Umwandlungen*

Wir beschränken uns auf die im Zusammenhang mit dem Verständnis von Phasendiagrammen wichtigen martensitischen Umwandlungen und stellen zunächst wieder einige Kennzeichen zusammen (vgl. auch PAUFLER, SCHULZE II).

α) Diese Umwandlungen werden nur im festen Zustand beobachtet.

β) Die Teilchen bewegen sich gekoppelt über Abstände $<$ Atomabstand.[1] Die Ausgangslagen der Atome können nach Rückumwandlung wieder erreicht werden.

γ) Die Umwandlung setzt im Prozeß der Abkühlung bei einer bestimmten Temperatur (Martensitpunkt M_S) spontan ein und ist bei der Temperatur M_f vollständig abgelaufen, der Umfang der Umwandlung erreicht bei konstanter Temperatur einen temperaturtypischen Wert.

δ) Die umwandelnde Probe erfährt eine Gestaltänderung, auf einer ursprünglich ebenen Oberfläche entsteht ein Relief.[2] Die chemische Zusammensetzung ändert sich nicht. Die Kristalle der martensitischen Phase zeigen charakteristische Linsen- oder Nadelform.

ε) Zwischen den Strukturen von Ausgangs- und Endphase besteht eine strenge Orientierungsbeziehung. Die Grenzfläche kann kohärent, teilkohärent oder inkohärent sein. Sie ist ohne thermische Aktivierung mit Geschwindigkeiten von der Größenordnung der Schallgeschwindigkeit verschiebbar.[3] Daher ist die Geschwindigkeit auch praktisch temperaturunabhängig.

---

[1] Das hat auch zur Folge, daß geordnete Phasen nach der Umwandlung geordnet bleiben.

[2] Die Gestaltänderung der makroskopischen Probe ist zu unterscheiden von derjenigen der Elementarzelle, die der Transformation zugeordnet wird.

[3] Die Überwindung von Kristallbaufehlern erfolgt allerdings thermisch aktiviert (vgl. PAUFLER, SCHULZE II).

ζ) Eine äußere mechanische Spannung beeinflußt diese Umwandlung erheblich mehr, als die diffusionsabhängige. Die höchste Temperatur, bei der unter Spannung eine Umwandlung beobachtet werden kann, ist $M_d > M_s$ (vgl. PAUFLER, SCHULZE II, 138).

8.4. *Grundlagen der Umwandlungskinetik*

Wird nach der Zeitabhängigkeit des Volumenanteils einer Phase β gefragt, die sich isotherm aus einer anderen α bildet, dann gelten zwei Beziehungen, die weitgehend unabhängig von Einzelheiten des Vorganges der Umwandlung sind.

Bei homogener Phasenumwandlung ist die Wahrscheinlichkeit der Bildung im noch nicht umgewandelten Volumen $V - V^\beta$ an allen Orten gleich und diesem Proportional: $\mathrm{d}V^\beta/\mathrm{d}t = (V - V^\beta)/\bar{\tau}$, V Gesamtvolumen, $\bar{\tau}$ Zeitkonstante. Nach Integration erhält man

$$\frac{V^\beta}{V} = 1 - \mathrm{e}^{-t/\bar{\tau}}. \tag{8.1}$$

Die Umwandlungsgeschwindigkeit nimmt exponentiell mit der Zeit ab.

Heterogene Umwandlungen sind durch zeitlich versetzte Phasenbildung gekennzeichnet. Die lineare Ausdehnung d eines einmal gebildeten Bereiches neuer Phase wächst näherungsweise linear mit t (nicht diffusionsbestimmt) oder mit $\sqrt{t}$ (diffusionsbestimmt). Wir betrachten den ersten Fall weiter. Das Volumen eines derartigen zur Zeit $t = \tau$ gebildeten Bereiches wächst danach mit t gemäß $v_\tau \approx (4\pi/3)\, \Gamma^3 (t - \tau)^3$, wobei Γ der Mittelwert des Anstieges $d(t)$ verschiedener Bereiche ist (Wachstumsgeschwindigkeit). Wird eine Keimbildungsgeschwindigkeit I als Zahl der im noch nicht umgewandelten Volumen V^α und Zeitintervall $\tau \cdots \tau + \mathrm{d}\tau$ neu gebildeten Phasenbereiche β eingeführt, dann beträgt der Zuwachs insgesamt neu gebildeten Volumens $\mathrm{d}V^\beta$

$= v_\tau I V^\alpha d\tau$, woraus im Anfangsstadium der Umwandlung $V^\alpha \approx V$, $V^\beta = V_0^\beta$

$$V_0^\beta = (4\pi V/3) \int\limits_{\tau=0}^{t} I\Gamma^3(t-\tau)^3 \, d\tau \qquad (8.2)$$

und im Falle zeitunabhängiger Keimbildungsgeschwindigkeit I

$$\frac{V_0^\beta}{V} = \frac{\pi}{3} I\Gamma^3 t^4 \qquad (8.3)$$

wird.

Da sich die von verschiedenen Orten des Systems zu wachsen beginnenden Bereiche neuer Phase gegenseitig behindern können, muß (8.2) bzw. (8.3) im weiteren Zeitablauf korrigiert werden. Nach AVRAMI bzw. JOHNSON, MEHL läßt sich die Bildung von Berührungsflächen (und damit verringerter Volumenzuwachs) näherungsweise dadurch berücksichtigen, daß vom scheinbar neu gebildeten Volumen dV_0^β nur der Bruchteil $dV^\beta = (1 - V^\beta/V)\,dV_0^\beta$ gezählt wird, der in noch nicht umgewandeltem Material liegt (vgl. Abb. 8.1). Integration liefert dann folgenden Zusammenhang zwischen V_0^β (ohne Berücksichtigung von Überschneidungen) und dem wahren

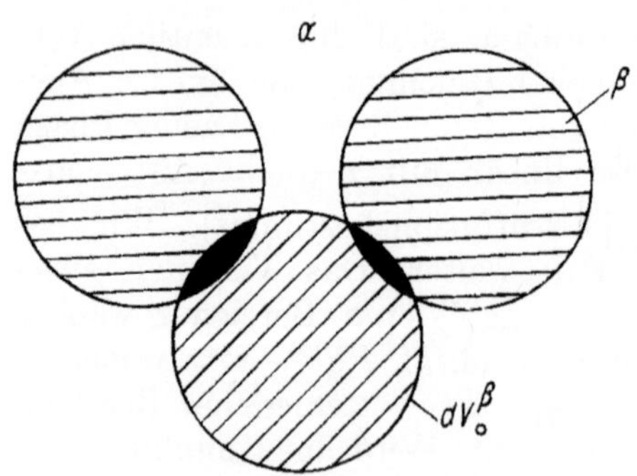

Abb. 8.1. Zur Berücksichtigung des Kontaktes von Bereichen neuer Phase β (schraffiert) in einer Matrix α. Das Volumen des neu gebildeten Bereiches (schräg schraffiert) beträgt ohne Beachtung der Überschneidung (dunkel) dV_0^β.

Volumen der β-Phase V^β

$$V_0{}^\beta = -V \ln\left(1 - \frac{V^\beta}{V}\right). \qquad (8.4)$$

Einsetzen von (8.4) in (8.2) bzw. (8.3) führt auf die Zeit-abhängigkeit

$$\frac{V^\beta}{V} = 1 - \mathrm{e}^{-(4\pi l'^3/3)\int_0^t I(t-\tau)^3 d\tau} \qquad (8.5\,\mathrm{a})$$

bzw.

$$= 1 - \mathrm{e}^{-\pi \Gamma^3 I t^4/3} \qquad (I = \mathrm{const}). \qquad (8.5\,\mathrm{b})$$

Tabelle 8.3

Zahlenwerte n in Gl. (8.6) (nach CHRISTIAN 1970)

1. Polymorphe Umwandlungen, grenzflächenkontrolliertes Wachstum u. a.

Bedingungen	n
wachsende Keimbildungsgeschwindigkeit I	> 4
konstante Keimbildungsgeschwindigkeit	4
abnehmende Keimbildungsgeschwindigkeit	$3 \cdots 4$
verschwindende Keimbildungsgeschwindigkeit	3
Korngrenzenkeimbildung nach Sättigung	1

2. Diffusionskontrolliertes Wachstum (Anfangsstadium der Reaktion)

Bedingungen	n
alle Formen wachsen von kleinen Dimensionen	
— mit zunehmender Keimbildungsgeschwindigkeit	$> 2\tfrac{1}{2}$
— mit konstanter Keimbildungsgeschwindigkeit	$2\tfrac{1}{2}$
— mit verschwindender Keimbildungsgeschwindigkeit	$1\tfrac{1}{2}$
Dickenwachstum sehr großer Plättchen nach vollständiger Berührung der Kanten	$\tfrac{1}{2}$
Segregation an Versetzungen (Anfangsstadium)	$\tfrac{2}{3}$

Systeme mit zeitabhängigem I sollten sich durch

$$\frac{V^\beta}{V} = 1 - e^{-t^n/\tau} \tag{8.6}$$

annähern lassen $(n = 3\cdots4)$. Der Kurvenverlauf ist S-förmig. Die Zahlenwerte von n für eine Reihe kinetischer Bedingungen sind in Tab. 8.3 angegeben.

8.5.   *Keimbildung*

Die Kinetik heterogener Umwandlungen wird in zwei Teilvorgänge zerlegt, die gesondert behandelt werden: Keimbildung und Kristallwachstum. Die Prozesse sind im einzelnen sehr verwickelt und noch vielfach unverstanden. Dem Anliegen dieses Teils entsprechend gehen wir nur auf einige Grundsätze der klassischen Theorie ein. Bezüglich eingehender Darstellung sei auf CHRISTIAN 1975 verwiesen.

Wir betrachten die Bildung eines Keimes der neuen Phase als einen reversiblen Prozeß in einem bestimmten Punkt des Systems. Dazu ist die Arbeit der Keimbildung W erforderlich. Die Wahrscheinlichkeit einer Schwankung mit Energiezuwachs W ist proportional zu $\exp\left(-W/k_\mathrm{B}T\right)$ (vgl. 7.1).

Dem Keim wird näherungsweise Kugelgestalt (Radius r) zugeschrieben. Die freie Enthalpie des Systems ändert sich infolge der Bildung des Keimes um

$$\delta G = \alpha(T)\, r^3 + \beta(T)\, r^2, \tag{8.7}$$

wobei $\alpha(T)$ die freie Enthalpie/Volumen der Bildung eines (großen) Bereiches neuer Phase[1]) und $\beta(T)$ die freie Enthalpie/Fläche der Bildung einer Grenzfläche zwischen der neuen Phase und der Matrix bedeuten. α und β sind im allg. temperaturabhängig. α wechselt das Vorzeichen am Phasenumwandlungspunkt (z. B. am Schmelzpunkt T_S), β dagegen ist stets positiv.

---

[1]) $\alpha \sim (\mu^{(2)} - \mu^{(1)})$; $\mu^{(2)}$, $\mu^{(1)}$ chemische Potentiale der beteiligten Phasen.

Die Temperaturabhängigkeit von α führt dazu, daß unterhalb der Umwandlungstemperatur ($\alpha < 0$) die Änderung der freien Enthalpie δG als Funktion der Keimgröße r ein Maximum durchläuft. (vgl. Abb. 8.2) Wird die zugehörige kritische Keimgröße $r_K = -2\beta/3\alpha$

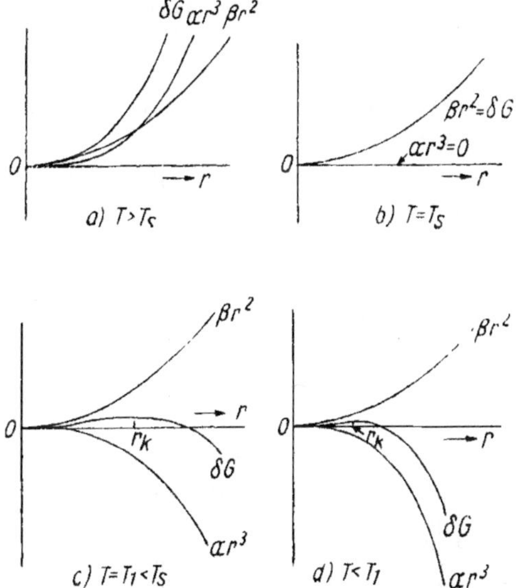

Abb. 8.2 Änderung der freien Enthalpie δG nach (8.7) bei Keimbildung einer festen Phase in der Schmelze als Beispiel einer heterogenen Umwandlung. Die Abhängigkeit vom Keimradius r hat für verschiedene Temperaturen T unterschiedliche Gestalt: a) oberhalb des Schmelzpunktes T_s, b) am Schmelzpunkt, c), d) unterhalb T_s (nach DARKEN, GURRY).

überschritten, kann sich der Keim mit Gewinn an freier Enthalpie vergrößern ($\alpha < 0$!). Zu seiner Bildung ist demnach $W = \delta G(r_K) = (4/27)\,\beta^3/\alpha^2$ aufzuwenden.[1]) Die Keime können von außen eingebracht werden (z. B.

---

[1]) Am Umwandlungspunkt T_s ist: $\alpha = 0$, $W \to \infty$, $r_k \to \infty$. Die kritischen Radien für eine experimentell beobachtete maximale Unterkühlung von $\Delta T = 0{,}18 T_s$ von metallischen Schmelzen betragen 10^{-9} m.

Impfen von Lösungen und Schmelzen) oder spontan durch thermische Schwankungen mit der Keimbildungsgeschwindigkeit $I \sim \exp\left(-W/k_B T\right)$ entstehen. Dies ist die Grundlage für den Unterkühlungseffekt von Schmelzen.[1]) Die möglichen Unterkühlungen in Metallen bei größten Vorsichtsmaßnahmen liegen um $(15 \cdots 20\%)$ der Schmelztemperatur. Zur Abschätzung der Keimbildungsarbeit aus der Unterkühlung $\Delta T = T_s - T$ ist $\alpha = \Delta T \times [\mathrm{d}(\alpha)/\mathrm{d}T] = \Delta T \Delta S = \Delta T \Delta q/T_s$ zu setzen. (ΔS Entropieänderung, Δq Schmelzwärme). Damit wird $W = (4/27) \times \beta^3 T_s^2/(\Delta T \Delta q)^2$. Homogene Keimbildung sollte einsetzen, wenn mindestens $n = 1$ Keim unter $N = 10^{23}$ Atomen vorhanden ist. Die erforderliche Arbeit $W = k_B T \ln(N/n) \approx 50\, k_B T$ würde von thermischen Schwankungen aufgebracht. Die zugehörige Temperatur T folgt aus $(4/27) \times \beta^3 T_s^2/(T_s - T)^2 \Delta q^2 = 50\, k_B T$.

8.6.   Kristallwachstum

Dieser Teilvorgang wird idealisiert als Verschiebung einer Grenzfläche[2]) zwischen wachstumsfähigem Keim und Umgebung. Die Richtung und Geschwindigkeit der Verschiebung ergibt sich aus der Überlagerung zu- und abfließender Teilchenströme. Daß beide verschiedene Beträge aufweisen, folgt aus dem Gefälle der freien Enthalpie der beteiligten Phasen, sobald das System etwas vom Gleichgewicht abweicht.

Teilchenbewegung aus der Schmelze in den Kristall erfolgt mit der Freuqenz $\nu_{SK} = \nu_0 \exp\left(-\Delta G_A/k_B T\right)$, in Gegenrichtung mit $\nu_{KS} = \nu_0 \exp\left(-[\Delta G_s + \Delta G_A]/k_B T\right)$. Dabei ist $\Delta G_s \sim \alpha$. Die Verschiebungsgeschwindigkeit

---

[1]) Unterhalb T_s wächst I zunächst stark an, da W von ∞ auf endliche Werte abnimmt. Zugleich nimmt aber die Atombeweglichkeit ab, dadurch sinken W und r nur noch wenig, aber I wegen der exponentiellen Temperaturabhängigkeit dafür um so mehr.

[2]) Im Sinne einer effektiven Grenzfläche, denn die Massendichte (oder andere strukturabhängige Größen) ändert sich nicht sprunghaft, sondern über mehrere Atomabstände hinweg verschmiert.

der Grenzfläche ist

$$v_{GF} = v_0\, e^{-\frac{\Delta G_A}{k_\mathrm{B}T}} \left[1 - e^{-\frac{\Delta G_s}{k_\mathrm{B}T}} \right]. \tag{8.8}$$

ΔG_A bezeichnet die Höhe der Barriere die von der Seite der Schmelze von einem Teilchen überwunden werden muß, um in die kristalline Phase zu gelangen.

Für die Temperaturabhängigkeit von v_{GF} gilt das gleiche wie für die von I.

8.7. *Kinetische Phasenumwandlungen*

EBELING hat vorgeschlagen, das sprungartige Entstehen neuer dissipativer Strukturen mit veränderten Symmetrieeigenschaften jenseits bestimmter kritischer Werte der thermodynamischen Flüsse und Kräfte als kinetische Phasenumwandlungen zu bezeichnen. Dissipative Strukturen in diesem Sinne sind räumlich, zeitlich oder raumzeitlich organisierte Zustände, die durch einen solchen kinetischen Phasenübergang vom thermodynamischen Gleichgewicht getrennt sind (EBELING; PRIGOGINE). Auf Systeme und Prozesse fern vom thermodynamischen Gleichgewicht ist die nichtlineare Thermodynamik anzuwenden.

Die mechanischen Eigenschaften der Werkstoffe z. B. werden entscheidend von ihrer Realstruktur bestimmt (vgl. z. B. PAUFLER, SCHULZE). Reale Festkörper befinden sich i. allg. im metastabilen Zustand, auch der amorphe Zustand ist metastabil. Die Beschreibung derartiger gleichgewichtsferner Systeme macht also unter anderem die Einbeziehung der Realstruktur in die thermodynamische Bilanz erforderlich. Künftig werden verallgemeinerte Phasendiagramme mit der Zeit t als zusätzlicher Koordinate benötigt und wohl auch zur Verfügung gestellt werden (vgl. z. B. VOJTA).

Konstanten und Umrechnungsbeziehungen

Standardfallbeschleunigung $\quad g_n = 9{,}806\,65$ m s^{-2}
Normaldruck $\qquad\qquad\qquad\quad p_n = 101\,325$ Pa
Vakuumlichtgeschwindigkeit $\;c = 2{,}997\,924\,58 \cdot 10^8$ m s^{-1}
Ruhmasse des ^{1}H-Atoms $\qquad m_H = 1{,}673\,559 \cdot 10^{-27}$ kg
Ruhmasse des Elektrons $\qquad m_e = 9{,}109\,534 \cdot 10^{-31}$ kg
atomare Masseneinheit $\qquad m_0 = 1{,}660\,565\,5 \cdot 10^{-27}$ kg
Elementarladung $\qquad\qquad\quad e = 1{,}602\,189\,2 \cdot 10^{-19}$ C
PLANCKsche Konstante $\qquad\;\; h = 6{,}626\,176 \cdot 10^{-34}$ J s

$$h = \hbar/2\pi = 1{,}054\,588\,7 \cdot 10^{-34} \text{ J s}$$

STEFAN-BOLTZMANN- $\qquad\qquad \sigma = 5{,}670\,32$
Konstante $\qquad\qquad\qquad\qquad\quad \times 10^{-8}$ W m^{-2} K^{-4}
AVOGADROsche Konstante $\quad L = 6{,}022\,045 \cdot 10^{23}$ mol^{-1}
molare Gaskonstante $\qquad\quad R = 8{,}314\,41$ J mol^{-1} K^{-1}
BOLTZMANN-Konstante $\qquad k_B = 1{,}380\,662 \cdot 10^{-23}$ J K^{-1}
Molvolumen des idealen Gases

$$(T_0 = 273{,}15 \text{ K}, \; p = p_n) \quad V_m = RT_0/p_n = 2{,}241\,383$$
$$\times 10^{-2} \text{ m}^3 \text{ mol}^{-1}$$

---

1 J $= 1$ Nm $= 1$ m^2 kg s$^{-2} = 1$ Ws $= 0{,}238\,84$ cal
1 N $= 10^5$ dyn $= 0{,}101\,971\,6$ kp $= 0{,}224\,809$ lbf
1 bar $= 10^5$ Pa $= 10^5$ N m^{-2}
1 atm $= 101\,325$ Pa
1 Torr $= 1{,}333\,224 \cdot 10^2$ Pa $= 1/760$ atm $= 1$ mm Hg
1 cal $= 4{,}186\,8$ J
1 eV $= 1{,}602\,189\,2 \cdot 10^{-19}$ J
1 psi $= 1$ lbf/in$^2 = 6{,}894\,76 \cdot 10^3$ Pa
1 lbf $= 4{,}448\,22$ N

Literaturverzeichnis

D. L. Ageeva, L. V. Švedov, I. S. Šaplygin (Д. Л. Агеева, Л. В. Шведов, И. С. Шаплыгин), Diagrammy sostojanija nemetalličeskich sistem, Vyp. I (1965), II (1966), III (1967), IV (1968), V (1969), VI (1970), VII (1971), VIII (1972), Moskva, Izd. VINITI AN SSSR

A. M. Alper, (ed.), Phase Diagrams, Vol. 1, Academic Press, New York 1970

L. V. Altšuler (Л. В. Альтшулер), Uspechi Fizičeskich Nauk **85** (1965) 197 ·

H. Arzeliès, Thermodynamique relativiste et quantique, Fasc. I, Gauthier-Villars, 1968, S. 195 ff.

M. Avrami, J. Chem. Phys. **7** (1939) 1103; **8** (1940) 212; **9** (1941) 177

T. F. W. Barth, Theoretical Petrology, J. Wiley, New York 1952, pp. 86—131

Z. S. Basinski, W. Hume-Rothery, A. L. Sutton, Proc. Roy. Soc. A **229** (1955) 459

R. Becker, W. Döring, Ann. d. Physik **24** (1935) 719

D. Bender, E. Pippig, Einheiten, Maßsysteme, SI, Akademie-Verlag, Berlin 1979

N. L. Bowen, The Evolution of the Igneous Rocks, Princeton Univ. Press, Princeton, N. J. 1928

R. S. Bradley, (ed.), High pressure physics and chemistry, Vol. 1 and 2, Academic Press, London 1963

R. F. Brebrick, Metall. Trans. **7A** (1976) 1609

R. F. Brebrick, A. J. Strauss, J. Phys. Chem. Sol. **26** (1965) 996

R. Brout, Phase Transitions, Benjamin, New York 1965

F. P. Bundy, in: Metallurgy at high pressures and high temperatures, ed. by K. A. Gschneidner, Jr., M. T. Hepworth, N. A. D. Parlee, Gordon and Breach Science Publ., New York 1964, S. 381 ff.

G. C. CARTER (ed.), Applications of Phase Diagrams in Metallurgy and Ceramics, Vol. 1 u. 2 NBS Special Publ. 496 (1978)

R. CAYRON, Etude Théorique des Diagrammes D'Equilibre dans les Systèmes Quaternaires, L'Institut de Métallurgie, Louvain

J. CHIPMAN, Metallurg. Trans. **3** (1972) 55

J. W. CHRISTIAN, The Theory of Transformations in Metals and Alloys, 2nd. ed., Part I, Pergamon Press, Oxford, 1975

J. W. CHRISTIAN, in: Physical Metallurgy, ed. by R. W. CAHN, 2nd ed., North-Holland Publ. Co., Amsterdam 1970, pp. 471

L. S. DARKEN, R. W. GURRY, Physical Chemistry of Metals, McGraw-Hill Book Co. Inc., New York 1953

Diagrammy sostojanija metallicheskich sistem, Izd. VINITI AN SSSR, Moskva, Vyp. I (1956), II (1959), III (1960), IV (1961), V (1962), VI (1962), VII (1963), VIII (1963), IX (1966), X (1966), XI (1968), XII (1969), XIII (1970), XIV (1971), XV (1972)

Diagrammy sostojanija trojnych metallicheskich sistem, 1910 bis 1969, Izd. Nauka, Moskva 1972

I. G. DILLON, P. A. NELSON, B. S. SWANSON, J. Chem. Phys. **44** (1966) 4229

J. DONOHUE, The Structure of the Elements, J. Wiley, New York 1974

W. EITEL, Silicate Melt Equilibria, Rutgers Univ. Press, New Brunswick, N. J. 1951

R. P. ELLIOTT, Constitution of Binary Alloys, Suppl. 1, McGraw-Hill, New York 1965

M. E. FISHER, Reports on Progress in Physics **30** (1967) 65

N. H. FLETCHER, Reports on Progress in Physics **34** (1971) 913

R. H. FOWLER, E. A. GUGGENHEIM, Statistical Thermodynamics, Cambridge Univ. Press, Cambridge 1952

J. FRENKEL, J. Chem. Phys. **1** (1939) 200; 538

E. FROMM, E. GEBHARDT (Hsg.), Gase und Kohlenstoff in Metallen, Springer-Verlag, Berlin 1976

D. R. GASKELL, Introduction to Metallurgical Thermodynamics, Mc Graw-Hill 1973

J. W. GIBBS, Trans Conn. Acad. Sci. **3** (1876) 108

L. A. GIRIFALCO, Statistical Physics of Materials, J. Wiley, New York 1973

L. GMELIN (Hsg.), Gmelins Handbuch der Anorganischen Chemie (ab 1817)

S. S. Gorelik, M. Ja. Daševskij (С. С. Горелик, М. Я. Да-шевский), Materialovedenie poluprovodnikov i metallove-denie, Metallurgija, Moskva 1973

W. Guertler, M. Guertler, E. Anastasidias, A Compendium of Constitutional Ternary Diagrams of Metallic Systems, NTIS document TT69-55069

E. A. Guggenheim, Thermodynamics, 5th ed., North-Holland Publ. Co., Amsterdam 1967

E. A. Guggenheim, Mixtures, At the Clarendon Press, Oxford 1952

P. Haasen, Physikalische Metallkunde, Springer-Verlag, Berlin 1974

E. Hala, T. Boublik, Einführung in die statistische Thermo-dynamik, Vieweg, Braunschweig 1970

M. Hansen, K. Anderko, Constitution of Binary Alloys, 2nd ed., Mc Graw-Hill, New York 1958

J. Hansen, F. Beiner, Heterogene Gleichgewichte, de Gruyter, Berlin 1974

J. L. Haughton, A. Prince (eds), The Constitutional Diagrams of Alloys: A Bibliography (2nd ed.), Institute of Metals, London 1956

F. Henning, herausgeg. v. H. Moser, Temperaturmessung, 3. Aufl., J. A. Barth, Leipzig 1977

J. H. Hildebrand, J. Amer. chem. Soc. **51** (1929) 66; **57** (1935) 866

D. Hofmann, Temperaturmessungen und Temperaturregelun-gen mit Berührungsthermometern, Verlag Technik

G. K. Horton, A. A. Maradudin, eds., Dynamical properties of solids, Vol. 1 Crystalline Solids, Fundamentals (1974), Vol. 2 Applications (1975), North-Holland Publ. Co., Amster-dam

W. Hume-Rothery, J. W. Christian, W. B. Pearson, Metal-lurgical Equilibrium Diagrams, Inst. of Physics, London 1952

F. Hund, Theoretische Physik III, Teubner, 1956

E. Jänecke, Kurzgefaßtes Handbuch aller Legierungen, 2. Aufl. C. Winter, Heidelberg 1949

W. A. Johnson, R. F. Mehl, Trans. Am. Inst. Min. (Metall.) Engrs. **135** (1939) 416

W. Jost, (ed.), Physical Chemistry, Academic Press, New York 1971

L. Kaufman, H. Bernstein, in: Phase Diagrams, ed. by A. M. Alper, Vol. 1, p. 45

O.-H. Keller, Analytische Geometrie und lineare Algebra, Deutscher Verlag der Wissenschaften, Berlin 1957

R. Kikuchi, Acta Metall. **25** (1977) 195—205

R. Kikuchi, D. de Fontaine, M. Murakami, T. Nakamura, Acta Metall. **25** (1977) 207—219

M. B. King, Phase Equilibrium in Mixtures, Pergamon Press, Oxford 1969

W. D. Kingery, Introduction to Ceramics, J. Wiley, New York 1960

C. Kittel, Physik der Wärme, Akad. Verlagsges. Geest & Portig, Leipzig 1973

L. Knopoff, in: High Pressure Physics and Chemistry, ed. by R. S. Bradley, Vol. 1, Academic Press, London 1963, pp. 227

V. B. Kogan (Коган, В. Б.), Geterogennye ravnovesija, Izd. Chimija, Leningradskoje otdelenije 1968

V. B. Kogan, V. M. Fridman (В. Б. Коган, В. М. Фридман), Spravočnik po ravnovesiju meždu židkostju i parom v binarnych i mnogokomponentnych sistemach, Goschimizdat, Moskva 1957

A. N. Krestovnikov, V. N. Vigdorovič (А. Н. Крестовников, В. Н. Вигдорович), Chimičeskaja termodinamika, Izd. 2e, Metallurgija, Moskva 1973

Kristallisation, Vorträge auf der 6. Metalltagung 1968 in Berlin, Deutscher Verlag für Grundstoffindustrie, Leipzig 1969

F. A. Kröger, The Chemistry of Imperfect Crystals, North Holland Publ. Co., Amsterdam 1964

F. A. Kröger, F. H. Stieltjes, H. J. Vink, Philips Res. Repts. **14** (1959) 557

F. A. Kröger, H. J. Vink, Solid State Physics (F. Seitz, D. Turnbull, ed.) **3** (1956) 307

O. Kubaschewski, E. Ll. Evans, Metallurgical Thermochemistry, Pergamon Press, London 1958

O. Kubaschewski, W. Slough, Progr. Materials Science **14** (1969) 41

N. S. Kurnakov (Н. С. Курнаков), Vvedenie v fiziko-chimičeskich analiz, 4 izd., Moskva 1940

N. S. Kurnakov, Collected Works, Vol. I, Moscow 1961

L. D. Landau, E. M. Lifšic (Л. Д. Ландау, Е. М. Лифшиц), Statisticeskaja fizika, Izd. Nauka, Moskva 1964

Landolt-Börnstein, Zahlenwerte und Funktionen, 6. Aufl., II. Band, 4. Teil, Springer-Verlag, Berlin 1961

Lehrwerk Chemie, Lehrbuch 4, Chemische Thermodynamik, H.-H. Möbius, W. Dürselen, Deutscher Verlag für Grundstoffindustrie, Leipzig 1975

D. Leuschner, Grundbegriffe der Thermodynamik, Akademie-Verlag Berlin 1979

E. M. Levin, C. R. Robbins, H. F. McMurdie (ed. by M. K. Reser), Phase Diagrams for Ceramists, Am. Ceram. Soc., Columbus 1964

Ju. V. Levinskij (Ю. В. Левинский), Diagrammy sostojanija metallov s gazami, Metallurgija, Moskva 1975

I. M. Lifschiz, in: Phasenumwandlungen im festen Zustand, S. 125ff.

H. Lindscheid, Diss. TH Aachen 1973

B. G. Lifšic (Б. Г. Лифшиц), Metallografija, Izd. Metallurgija 1970

W. Macke, Thermodynamik und Statistik, Akadem. Verlagsges. Geest & Portig, Leipzig 1962

H. v. Mangoldt, K. Knopp, Einführung in die höhere Mathematik, Nd. 1, S. Hirzel Verlag Leipzig 1958

N. H. March, Liquid Metals, Pergamon Press, Oxford 1968

G. Masing, Ternäre Systeme, 2. Aufl., Akadem. Verlagsgesellschaft Geest & Portig K.-G., Leipzig 1949

G. Masing, Z. Metallkunde **33** (1941) 36

Metals Handbook, Vol. 8, 8th ed., ASM, Metals Park, Ohio 1973

A. Migault, J. de Physique **32** (1971) 437

Mineraly, Spravočnik. Diagrammy fazovych ravnovesij, vyp. 1 i 2, Izd. Nauka, Moskva 1974

W. G. Moffatt (ed.), Handbook of Binary Phase Diagrams, Business Growth Services, GE. Co. 1976

J. Müller, Thermodynamik, Bertelsmann, 1973

A. N. Nesmejanov, (А. Н. Несмеянов), Davlenie para chimičeskich elementov, Izd. ANSSSR, Moskva 1961

H. Newkirk, A Literature Survey of Metallic Ternary and Quaternary Hydrides, NTIS document No. UCRL-51244 (1975)

E. F. Osborn, A. Muan, Phase Equilibria among Oxide in Steelmaking, Addison-Wesley, Reading 1965

E. A. Owen, G. I. Williams, J. Sci. Instr. **31** (1954) 49

L. S. Palatnik, A. I. Landau, (Л. С. Палатник, А. И. Ландау), Fazovye ravnovesija v mnogokomponentnych sistemach, Charkov, Izd. Chark. Goz. Univ. 1961

P. Pascal (ed.), Nouveau Traité de Chimie Minérale, Vol. 20, Maison & Cie, Paris 1962—64

P. Paufler, D. Leuschner, Kristallographische Grundbegriffe der Festkörperphysik, Akademie-Verlag Berlin u. Vieweg Braunschweig 1975

P. Paufler, G. E. R. Schulze, Physikalische Grundlagen mechanischer Festkörpereigenschaften I und II, Akademie-Verlag Berlin und Vieweg Braunschweig 1978

A. D. Pelton, H. Schmalzried, Metall. Trans. 4 (1973) 1395

D. T. Peterson, T. J. Poskie, J. A. Straatmann, J. Less-Common Metals 23 (1971) 177

D. A. Petrov, (Д. А. Петров), Trojnye Sistemy, Izd. AN SSSR, Moskva 1953

W. G. Pfann, Zone Melting, J. Wiley, New Yok 1957

Phasenumwandlungen im festen Zustand, herausgeg. von der AdW der DDR, Deutscher Verlag für Grundstoffindustrie, Leipzig 1973

B. Ja. Pines (Б. Я. Пинес), Očerki po metallofizike, Izd. Charkovskogo Universiteta, Charkov 1961

A. Prince, in: Applications of Phase Diagrams in Metallurgy and Ceramics, Vol. 1, NBS Special Publ. 496 (1977), U. S. Department of Commerce

A. Prince, Metall. Reviews 8 (1963) 213

G. V. Raynor, Phase diagrams and their determination, in R. W. Cahn (ed.), Physical Metallurgy, 2nd. ed., North-Holland Publ. Co., Amsterdam, 309 ff.

A. Recknagel, Physik: Schwingungen und Wellen, Wärmelehre, Verl. Technik, Berlin 1958

A. Reisman, Phase Equilibria, Academic Press, New York 1970

H. W. Bakhuis Roozeboom, Die heterogenen Gleichgewichte vom Standpunkte der Phasenlehre, 2. Heft, Vieweg, Braunschweig 1901

R. G. Ross, D. A. Greenwood, Progr. in Materials Science 14 (1970) 175

F. Sauerwald, Lehrbuch der Metallkunde, Springer-Verlag Berlin, 1929

E. M. Savickij, in: Intermetallische Phasen, Deutscher Verlag für Grundstoffindustrie, Leipzig 1977

E. M. Savitskii (ed.), Phase Diagrams of Metallic Systems, Izd. Nauka Moscow 1968

E. M. Sawizki, Perspektiven der Metallforschung, Akademie-Verlag Berlin 1977

E. M. Savickij, V. B. Gribulja (Е. М. Савицкий, В. Б. Гри-
буля), Prognozirovanie neorganičeskich soedinenij s pomoščju
EVM, Nauka, Moskva 1977

W. Schatt (Hrsg,), Einführung in die Werkstoffwissenschaft,
2. Aufl., Deutscher Verlag für Grundstoffindustrie, Leipzig 1973

H. Schmalzried, A. Navrotsky, Festkörperthermodynamik,
Akademie-Verlag Berlin 1978

W. Schottky, H. Ulich, C. Wagner, Thermodynamik, Springer-Verlag, Berlin 1929

D. Schuller, Thermodynamik, Vieweg, Braunschweig 1973

G. E. R. Schulze, Metallphysik, Akademie-Verlag Berlin und
Springer-Verlag Wien 1974

H. Schumann, Metallographie, Deutscher Verlag für Grundstoffindustrie, Leipzig 1969

F. A. Shunk, Constitution of Binary Alloys, McGraw-Hill,
New York 1969

A. F. Skryševskij, Strukturnyj analiz zidkostej (А. Ф.
Скрышевский), Izd. Vysšaja škola, Moskva 1971

J. C. Slater, Introduction to Chemical Physics, Mc Graw-Hill,
New York 1939, pp. 199

E. B. Smith, Basic chemical thermodynamics, Clarendon Press,
Oxford 1973

C. J. Smithells (ed.), Metals Reference Book, 5th ed., Butter-
worths & Co., London 1976

V. K. Soljakov (В. К. Соляков), Vvedenie v chimičeskuju
termodinamiku, Chimija, Moskva 1974

K. P. Staudhammer, L. E. Murr, Atlas of Binary Alloys,
Marcel Dekker, New York 1973

H. Stumpf, A. Rieckers, Thermodynamik, Bd. 1 (1976), Bd. 2
(1977), Vieweg Braunschweig

S. Takeuchi (ed.), The Properties of Liquid Metals, Taylor and
Francis Ltd., London 1973

A. Taylor, J. of Metals 9 (1957) 72

W. A. Tiller, in: Phase Diagrams, ed. by A. M. Alper,
pp. 199

W. A. Tiller, In: Physical Metallurgy, ed by. R. W. Cahn,
2nd ed., North-Holland Publ. Co., Amsterdam 1970, pp. 403

N. A. Toporov, V. P. Barzakovskij, V. V. Lapin, N. N. Ku-
ceva, A. I. Bojkova (Н. А. Топоров, В. П. Барзаковский,
В. В. Лапин, Н. Н. Курцева, А. И. Бойкова), Diagrammy
sostojanija silikatnych sistem, Vyp. 3ij, Trojnye sistemy,
Izd. Nauka. Leningrad 1972

F. J. Turner, J. Verhoogen, Igneous and Metamorphic Petrology, 2nd ed., McGraw-Hill, New York 1962

S. N. Vaidya, G. C. Kennedy, J. Phys. Chem. Sol. **31** (1970) 2329; **33** (1972) 1377

E. E. Wahlstrom, Introduction to Theoretical Igneous Petrology, J. Wiley, New York 1950

E. A. Vol (Е. А. Вол), Stroenie i svojstva dvojnych metalliceskych sistem, tom 1 (1959), 2 (1962), 3 (1976), Fizmatgiz, Moskva

M. Volmer, Z. Elektrochemie **35** (1929) 555

M. Volmer, Kinetik der Phasenbildung, Steinkopff, Dresden 1939

B. E. Volovik, M. V. Zacharov (Б. Е. Воловик, М. В. Захаров), Trojnye i četvernye sistemy, Moskva 1948

C. Wagner, Thermodynamik metallischer Mehrstoffsysteme, in: Handb. der Metallphysik, Bd. I, Teil 2, Leipzig, Akadem. Verlagsgesellsch. 1940, 1 ff.

D. C. Wallace, Thermodynamics of Crystals, J. Wiley 1972

H. Warlimont, L. Delaey, Martensitic Transformations in Copper-Silver- and Gold-Based Alloys, Pergamon Press, Oxford 1974

D. R. Wilson, Metall. Reviews **10** (1965) 381

C. H. Wind, Z. phys. Chem. **31** (1899) 390

J. H. Woodhead, in: The Physical Examination of Metals, ed. by Chalmers, A. G. Quarrell, 2nd ed., E. Arnold Ltd., London, 1960, pp. 169

A. M. Zacharov (А. М. Захаров), Diagrammy sostojanija dvojnych i trojnych sistem, Izd. Metallurgija 1964

A. M. Zacharov (А. М. Захаров), Diagrammy sostojanija četvernych sistem Metallurgija, Moskva 1966

G. Zwingmann, Z. Metallkunde **55** (1964) 193

Zusatz bei der Korrektur:

W. Ebeling, Strukturbildung bei irreversiblen Prozessen, Teubner, Leipzig 1976

I. Prigogine, in: Theoretical Physics and Biology (ed. M. Marois), Amsterdam 1969

N. N. Sirota, Termodinamika i statističeskaja fizika, Minsk, Vyš. škola 1969

G. Vojta, Vortrag 13. Metalltagung Dresden 1979, in: Wiss. Berichte des ZFW Dresden, S. 43

Quellenverzeichnis

Abb. 2.1, 2.2 und 8.2: G. E. R. Schulze, Metallphysik, Akademie-Verlag Berlin, 2. Aufl. 1974, Abb. D1 u. D2, S. 97 u. 100, Abb. E3.

Abb. 3.2: Gordon and Breach, Science Publishers, Inc., 150 Fifth Avenue, New York, N.Y. 10011, U.S.A. oder 171 Strand, London W. C. 2, England, Fig. 3, p. 384 aus: Metallurgical Society Conferences Vol. 22 (1964).

Abb. 3.1: McGraw-Hill Book Company New York, D. R. Gaskell, Introduction to Metallurgical Thermodynamics, 1973, Fig. 7.12, p. 177.

Abb. 3.4: The Institute of Physics, 47 Belgrave Square, London SW1X8QX, England; N. H. Fletcher, Reports on Progress in Physics, 34 (1971) 958, Fig. 16

Abb. 3.6: Pergamon Press Ltd. Headington Hill Hall, Oxford, 4 & 5 Fitzroy Square, London W. 1, M. B. King, Phase Equilibrium in Mixtures, 1969, Fig. 2.4, p. 93.

Abb. 3.5: Pergamon Press Ltd. Headington Hill Hall, Oxford, 4 & 5 Fitzroy Square, London W. 1, R. G. Ross, D. A. Greenwood, Liquid Metals and Vapours Under Pressure, Progr. Mat. Sc. 14 (1970), Fig. 23, p. 211

Abb. 4.1: Mc Graw-Hill Book Company, Inc., New York, M. Hansen, K. Anderko, Constitution of Binary Alloys, 2nd edition, 1958, Fig. 425.

Abb. 4.2: Edward Arnold (Publ.) Ltd. London, B. Chalmers, A. G. Quarrell, (eds.), The Physical Examination of Metals, 2nd ed., 1960.

Abb. 4.4: Akademie-Verlag Berlin, G. E. R. Schulze, Metallphysik, 2. Aufl. 1974, Abb. D3.

Abb. 4.7: Academic Press, Inc. New York, 111 Fifth Avenue, N. Y. 10003, A. Reisman, Phase Equilibria, 1970, Figs. 10, 11, 14.

Abb. 4.8: wie Abb. 4.1, Fig. 128.
Abb. 4.9: wie Abb. 3.1, Fig. 12.6.
Abb. 4.10 und 4.11: wie Abb. 4.1, Fig. 350 u. 134.
Abb. 4.13: wie Abb. 4.7, Fig. 3.
Abb. 4.14: wie Abb. 4.4, dort Abb. D7.
Abb. 4.15: wie Abb. 4.1, Fig. 617.
Abb. 4.17: wie Abb. 4.4, dort Abb. D10.
Abb. 4.19: wie Abb. 4.1, dort Fig. 196.
Abb. 4.20: Pergamon Press Ltd., Headington Hill Hall, Oxford, 4 & 5 Fitzroy Square, London W. 1, O. KUBA-SCHEWSKI, W. SLOUGH, Recent Progress in Metallurgical Thermochemistry, Progr. Mat. Science Vol. 14, Figs. 8, 9.
Abb. 4.21: wie Abb. 4.1, dort Fig. 197.
Abb. 4.22: wie Abb. 4.4, dort Abb. D13.
Abb. 4.23: Mc Graw-Hill Book Company New York, F. A. SHUNK, Constitution of Binary Alloys, Second Supplement, 1969, Fig. 126, (In-P).
Abb. 4.24: Mc Graw-Hill Book Company, Inc., New York, M. HANSEN, K. ANDERKO, Constitution of Binary Alloys, 2nd edition, 1958, Fig. 104, p. 177.
Abb. 4.28: Pergamon Press Ltd., Headington Hill Hall Oxford, The Journal of Physics and Chemistry of Solids, Vol. **26** (1965) 996—997, R. F. BREBRICK, A. J. STRAUSS, Fig. 2, Fig. 3.
Abb. 4.29: Izd. „Metallurgija" 119034 Moskva 2-j, Obydenskij per., 14, S. S. GORELIK, M. JA. DASHEVSKIJ, Materialovedenie puluprovodnikov i metallovedenie 1973, ris. 74.
Abb. 4.30: Journal of Less-Common Metals **23** (1971) 177, D. T. PETERSON, T. J. POSKIE, J. A. STRAATMANN.
Abb. 4.31, 4.32, und 4.33: Izd. „Metallurgija" 119034 Moskva, G-34, 2-j Obydenskij per. d. 14, JU. V. LEVINSKIJ, Diagrammy sostojanija metallov 1975, Fig. 115, 116, 117.
Abb. 5.4 und 5.5: Akademiai Kiado, Budapest, F. TAMÁS, I. PÁL, Phase Equilibria Spatial Diagrams, 1970, Inset 6 (teilweise); Fig. 40 (teilweise).
Abb. 5.23: Dr. Riederer-Verlag, GmbH, Stuttgart, Z. Metallkunde **55** (1964) 193.

Sachverzeichnis

PETER PAUFLER / G. E. R. SCHULZE

Physikalische Grundlagen mechanischer Festkörpereigenschaften

(Wissenschaftliche Taschenbücher,
Reihe Mathematik/Physik)

Band I

1978. 143 Seiten — 58 Abbildungen — 17 Tabellen — kl. 8°
8,— M
Bestell-Nr. 762 508 3 (7229)

Band II

1978. 190 Seiten — 99 Abbildungen — 19 Tabellen — kl. 8°
8,— M
Bestell-Nr. 762 537 4 (7238)

Die Autoren behandeln die Grundlagen des elastischen, anelastischen und plastischen Verhaltens kristalliner Festkörper, gehen von den wichtigsten experimentellen Befunden aus und erörtern die atomaren Ursachen der mechanischen Eigenschaften. Sie stellen eine Vielzahl von Meßergebnissen in Diagramm- und Tabellenform zusammen und wenden sich an Naturwissenschaftler und Ingenieure in Lehre, Forschung und Praxis.

Ihr Buchhändler
hält alle Wissenschaftlichen Taschenbücher für Sie bereit!

A K A D E M I E - V E R L A G · B E R L I N